短视频剪辑
核心技法

陈红 编著

人民邮电出版社
北京

图书在版编目（CIP）数据

短视频剪辑核心技法 / 陈红编著. -- 北京 : 人民
邮电出版社, 2025. -- ISBN 978-7-115-66128-9

Ⅰ. TP317.53

中国国家版本馆 CIP 数据核字第 20254ZU203 号

内 容 提 要

在全民创作短视频的时代浪潮下，如何从海量内容中脱颖而出？本书以系统的知识体系，为创作者铺就从入门到精通的进阶之路。本书开篇从短视频基础概念与常识切入，详细介绍素材拍摄要点、镜头类型及组接规律，搭建剪辑工作流程框架；随后深入解析剪映专业版软件实操，围绕转场设计、关键帧动画、蒙版抠像等核心功能，结合调色、音频处理与字幕制作等实用技巧，全方位提升作品表现力。

本书内容层层递进，兼具理论深度与实操价值，无论是怀揣创作热情的短视频创作新手，还是渴望提升作品质感、吸引更多粉丝的"UP主"或博主，都能从中汲取养分，快速成长为优质短视频创作者，掌握流量运营技巧。

◆ 编　著　陈　红
　　责任编辑　胡　岩
　　责任印制　周昇亮
◆ 人民邮电出版社出版发行　　北京市丰台区成寿寺路 11 号
　　邮编　100164　　电子邮件　315@ptpress.com.cn
　　网址　https://www.ptpress.com.cn
　　北京九天鸿程印刷有限责任公司印刷
◆ 开本：880×1230　1/32
　　印张：6.5　　　　　　　　　2025 年 8 月第 1 版
　　字数：200 千字　　　　　　 2025 年 8 月北京第 1 次印刷

定价：59.80 元

读者服务热线：**(010)81055296**　印装质量热线：**(010)81055316**
反盗版热线：**(010)81055315**

前言

　　随着社交媒体的普及，短视频已成为广受欢迎的内容形式。学习短视频后期制作，需先掌握基础知识与剪辑理论，为后续创作夯实基础。若仅学习几个剪辑与调色案例，将难以真正掌握后期制作技巧，更无法学以致用，创作出满意的作品。

　　本书精心构建了一套系统且实用的短视频剪辑知识体系，先详细讲解短视频基础理论，再以剪映专业版为平台，系统讲解后期制作全流程知识。剪映专业版是一款功能强大的视频剪辑软件，相比手机版，其功能更丰富、编辑工具更专业，能满足专业剪辑师与视频制作爱好者的需求。通过该软件，可对视频、图片等素材进行剪辑、添加特效与音效等操作，快速制作有趣的短视频——无论是分享生活、宣传产品，还是制作作品集，剪映专业版均能满足需求。

　　本书内容紧密贴合实际后期剪辑需求，每一个知识点都经过精心打磨，以一页一个知识点的创新量化教学设计呈现，让学习过程更加高效，助力读者快速掌握短视频剪辑核心技能。

　　无论你是怀揣创作梦想、刚刚踏入短视频领域的新手，还是希望突破创作瓶颈、寻求进阶的专业人士，本书都将成为你可靠的创作伙伴，为你提供实用的技巧与灵感，助你向着专业、高水平的短视频创作之路稳步迈进。

目录

第 3 章　镜头类型与镜头组接 047

第 4 章　短视频剪辑的工作流程 063

第 1 章
视频的基础概念与常识

本章介绍视频的基础概念与相关常识。掌握本章内容，会对后续的短视频剪辑工作有很好的帮助。

认识视听语言

　　简单来说，视听语言就是以视听组合的形式向受众传达某种信息的感性语言。

　　视听语言主要包括 3 个部分：影像、声音、剪辑。三者关系也很明确，通过剪辑将影像、声音构成一部完整的视频作品。

　　视觉元素主要由画面的景别、色彩效果、明暗影调和线条空间等形象元素构成，听觉元素主要由画外音、环境音、主题音乐等构成。两者只有高度协调、有机配合，才能展示出真实、自然的时空结构，才能产生立体、完整的感官效果，才能真正创作出好的作品。

　　如下图所示，我们可以观看到影像的变化，而截图右下角可以看到音频的标志。

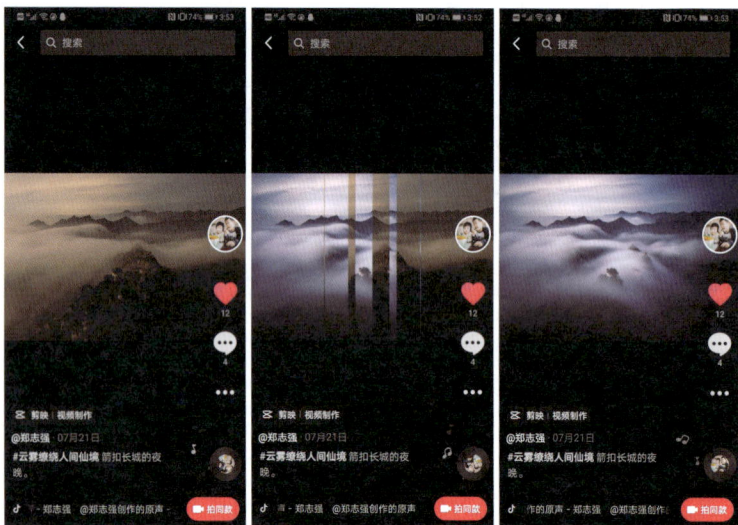

什么是大电影

人们所说的传统意义上的电影，是指在影院及电视台播放的、时长较长的影片（即通常所说的"大电影"），当今的大电影，作品时长大多为 90 分钟~120 分钟。

1895 年 12 月 28 日，在巴黎卡普辛路 14 号咖啡馆的地下室里，卢米埃尔兄弟首次在银幕上为观众放映了他们拍摄的影片，这一天也成为电影的诞生日。

电影艺术包括科学技术、文学艺术和哲学思想等诸多内容，影响着全世界的人，是人类历史上最为宏大的艺术门类之一。

什么是微电影

在现代大电影的成长过程中，一直伴随着微电影（电影短片）的身影，但由于投入、产出比等各种因素，微电影一直未能成为电影的主流形态，也不是电影商业市场的主导。

从概念上来说，微电影是指能够通过互联网新媒体平台传播，时长为几分钟到几十分钟的影片，适合在移动状态和短时休闲状态下观看。一般来说，微电影具有完整的故事情节，制作成本相对较低，制作周期较短。

互联网的出现，真正开启了数字化时代，为人们提供了全球互动交流平台，打开了信息传播的自由空间。2000 年之后，全球互联网的迅速普及尤其是移动互联网的发展，让每个人可以随时随地、随心地获取信息和交流互动。信息越来越碎片化，媒介越来越分散化，"人人都是媒体，人人都在传播"已逐渐成为一种新的生活方式。微电影在这个时期脱颖而出，正是因为其微时间、微内容、微制作的优势，符合移动互联网时代大众生活的需要。

微电影的内容融合了幽默搞怪、时尚潮流、公益教育、商业定制等主题，可以单独成篇，也可系列成剧。

什么是短视频

　　短视频即视频短片，是一种互联网内容传播方式，一般是在互联网新媒体上传播的时长在 30 分钟以内的视频。

　　短视频具有生产流程简单、制作门槛低、参与性强等特点，又比直播更具有传播价值，超短的制作周期和趣味化的内容对短视频制作团队的文案及策划功底有着一定的挑战，优秀的短视频制作团队通常依托成熟运营的自媒体或 IP，除了高频稳定的内容输出，也有强大的粉丝积累渠道。短视频的出现丰富了新媒体原生广告的形式。

　　从内容上来看，短视频具备了一般长视频的绝大多数属性，其内容包括技能分享、幽默搞怪、时尚潮流、社会热点、街头采访、公益教育、广告创意、商业定制等主题。由于内容较短，可以单独成片，也可以成为系列栏目。

　　从短视频的制作角度来看，团队配置可以无限简化，可以没有专业化的团队和分工，将导演、制片人、摄影师等角色集合到一个人身上。不仅制作团队可以简化，还可以做到零准入门槛，让每个普通观众都可以制作短视频。

什么是Vlog

Vlog 与 Blog 的得名有相似之处，它是 Video Blog 的简写形式，意思是视频博客、视频网络日志，以视频代替了文字和简单图片的博客内容。

Vlog 多以博主为核心叙事主体：若博主出镜，通常以旁述、讲解的方式介绍内容，或与观众以相同视角分享生活、旅行、工作中的细节，类似个人日记；若博主不出镜，但内容聚焦其自身生活细节，也属于 Vlog 范畴。

短视频大多分享的是自己的专业知识，或者别人感兴趣的事，通过段子、知识、小技巧等来表现。

如下图所示，左侧为 Vlog，右侧为一般短视频。

帧的概念与帧率的设定

　　这里先明确基本原理，即视频是连续的静态图像序列，视频流畅呈现的基础是人眼的视觉暂留特性——当每秒显示 24 帧（即 24fps）以上的静态图像时，人眼会将其视为连续运动画面，而非独立帧。这里的"fps"（帧/秒）代表帧率，指每秒显示的帧数。

　　24fps 是影视叙事的最低帧率标准，而若要减少动态模糊、提升画面流畅度，通常需 50fps 以上的帧率。当前高端摄像设备已支持 60fps、120fps 等超高帧率模式。

　　如下图所示：左侧为 24fps 视频的画面截图，因帧率较低可见运动模糊；右侧为 60fps 视频截图，画面细节更清晰，动态过渡更顺滑。

认识视频的扫描方式

在视频的性能参数中，i 与 P 代表的是视频的扫描方式。其中，i 是 Interlaced 的首字母，表示隔行扫描；P 是 Progressive 的首字母，表示逐行扫描。多年以来，广播电视行业采用的是隔行扫描的形式，而计算机显示、图形处理和数字电影则采用逐行扫描的形式。

构成影像最基本的单位是像素，但在传输时并不以像素为单位，而是将像素串成一条条的水平线进行传输，这便是视频信号传输的扫描方式。1080 就表示将画面由上向下分为了 1080 条由像素构成的线。

逐行扫描是指同时传输 1080 条扫描线，隔行扫描则是指把一帧画面分成两组，一组是奇数扫描线，另一组是偶数扫描线，分别传输。

在帧率相同的条件下，逐行扫描的视频信号，画质更高，但用于传输视频信号需要的信道太宽了，所以在视频画质下降不是太大的前提下，采用隔行扫描的方式，一次传输一半的画面信息，这会降低视频传输的代价。与逐行扫描相比，隔行扫描节省了传输带宽，但也带来了一些负面影响。由于一帧是由两个场交错构成的，因此隔行扫描的垂直清晰度比逐行扫描低一些。

常见的视频分辨率

　　分辨率，也常被称为图像或视频的尺寸和大小，它表示的是图像或视频中包含的像素的数量。分辨率直接影响图像或视频大小。分辨率越高，图像或视频的细节越丰富，画面越清晰；分辨率越低，图像或视频的细节越少，画面越模糊。

　　常见的分辨率有如下几种。

　　4K（超高清）：4096 像素 ×2160 像素。

　　2K（超高清）：2048 像素 ×1080 像素。

　　1080P（全高清）：1920 像素 ×1080 像素（1080i 是经过压缩的）。

　　720P（高清）：1280 像素 ×720 像素。

什么是码率

　　码率（英文全称为 Bits Per Second），是指视频文件在单位时间内使用的数据流量，也叫码流、码流率、比特率。码率是视频编码中画面质量控制的核心参数，通常用 bit/s 或 bps（比特每秒）作为量度单位，常用的单位还有 Kbps（千比特每秒）和 Mbps（兆比特每秒）。

　　一般来说，在同样分辨率下，视频文件的码率越大，压缩比就越小，画面质量就越高。同时，码率越大，文件体积也越大，其计算公式如下：文件体积（Byte）＝时间（s）×码率（bps）÷8。例如，一个 60 分钟、码率为 1Mbps 的 720P 视频文件，其体积大约为：3600s×1Mbps÷8=450MB（注：1Byte=8bit；Mb 代表兆比特；MB 代表兆字节）。

　　静态比特率（CBR）：代表固定比特率，意味着编码器和解码器每秒的输出码数据量（或者输入码率）是固定的。

　　动态比特率（VBR）：代表可变比特率，编码器和解码器可以根据数据量的大小自动调节带宽。

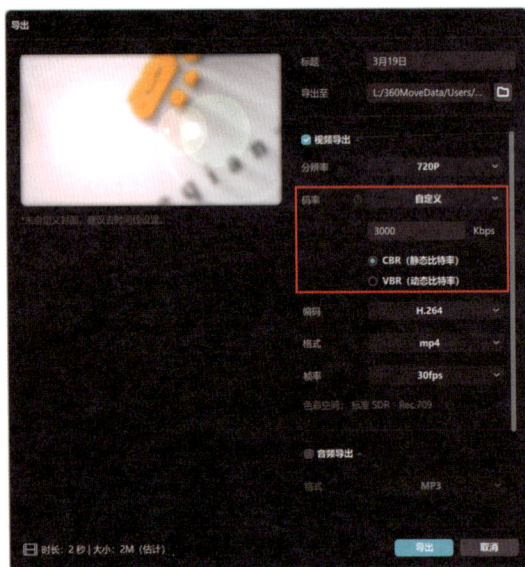

三种重要的视频格式

　　视频格式是指保存视频的格式，用于把视频和音频放在一个文件中，以方便同时播放。常见的视频格式有 MP4、AVI、MOV 等。

　　这些不同的视频格式，有些适合网络播放及传输，有些更适合在本地设备中以某些特定的播放器进行播放。

1. MP4

　　MP4 全称 MPEG-4，是一种多媒体计算机档案格式，文件扩展名为 .mp4。许多电影、电视都是 MP4 格式的，这种格式的压缩效率高，能够以较小的体积呈现出较高的画质。

2. MOV

　　MOV 是由 Apple 公司开发的一种音频、视频文件格式，也就是平时所说的 QuickTime 影片格式，常用于存储音频、视频等多媒体数据。MOV 的优点是影片质量出色，不压缩，数据流通快，适合视频剪辑制作；缺点是文件较大。网络上一般不使用 .mov 及 .avi 等体积较大的格式，而是使用体积更小、传输速度更快的 .mp4 等格式。

3. AVI

　　AVI 是由微软公司在 1992 年发布的视频格式，AVI 是 Audio Video Interleaved 的缩写，意为音频视频交错，是早期主流的视频格式之一。

　　AVI 格式虽然调用方便、图像质量好，但体积往往比较庞大，并且有时候兼容性一般，有些播放器无法播放。

视频编码格式

　　视频编码格式是一种用于对视频数据进行压缩、编码处理，使其能以更高效的方式存储、传播和播放的规则与标准。

　　压缩视频体积通常会导致数据的损失，如何能在数据损失最小的前提下尽量压缩视频体积，是视频编码的第一个研究方向；第二个研究方向是通过特定的编码方式，将一种视频格式转换为另外一种格式，如将 AVI 格式转换为 MP4 格式等。

　　视频编码的主要目的是缩小视频数据的大小，以便更高效地存储和传输，这一过程是通过去除视频数据中的冗余信息、降低画质或降低帧率等方式实现的。同时，视频编码也需要考虑视频的解码效率和播放质量，以确保压缩后的视频能够给人良好的观看体验。

　　注意，视频编码格式和视频文件格式并不相同。例如，H.264 是一种视频编解码标准，而 MP4 则是一种视频格式。H.264 是 MP4 最常用的视频编解码器，此外，MP4 格式还可以使用 MPEG-4、H.263 等编解码器。

提示： 对于相同的视频格式，其封装的视频和音频的编码格式可能会有所不同，因此可能会出现扩展名相同的视频文件有的可以播放，有的却无法播放的情况。

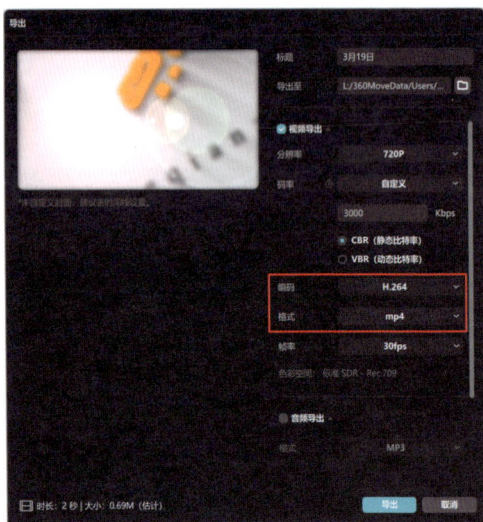

什么是视频流

　　视频流从技术层面大致可以分为两种，即经过压缩的视频流和未经压缩的视频流。经过压缩的视频流称为"编码流"，目前以 H.264 为主，因此也称为"H.264 码流"。未经压缩处理或经过解码后的流数据，也被称为"原始流""YUV 流"。

　　从"H.264 码流"到"YUV 流"的过程称为解码，反之称为编码。

　　例如，当用户在网上观看视频时，视频数据会以流的形式从服务器传输到你的设备，这个流就是视频流。由于视频流技术的使用，用户无需等待视频文件完全下载即可开始观看，实现"边下边播"的流畅体验。同时，视频流也可以被压缩，以减少传输所需的时间和带宽，这就是编码流的应用。视频在设备上播放时，会被解码为原始流，也就是 YUV 流，以适配设备的显示需求。

　　视频流技术使得用户可以更流畅、更高效地观看网络视频，能够极大地提升用户体验。

Rec.709视频："所见即所得"的视频

　　Rec.709 色域标准是高清电视（HDTV）的国际标准，在 HDTV 节目的拍摄、录制、解码、制作、传输及播放等环节中被全球主流电视台广泛采用。从本质上讲，Rec.709 可视为高清电视节目的色彩基准。

　　该标准的核心优势在于"所见即所得"——由于采用线性色彩映射模式，摄像机监看画面与最终成片的色彩一致性较高。

　　当观众观看符合该标准的 HDTV 节目时，其色彩显示范围即基于 Rec.709 色域。此外，相机和手机默认拍摄的视频通常也遵循 Rec.709 色域标准。作为目前应用最广泛的高清标准之一，Rec.709 不仅是 HDTV 的色彩规范，也是家用投影机的主流色彩标准，其色彩表现已能满足大多数日常需求。

　　不过，Rec.709 也存在一定的技术局限：其色彩覆盖范围较窄，难以准确呈现高饱和度色彩；此外，Rec.709 仅支持 SDR（标准动态范围）内容，无法匹配 HDR 所需的宽色域与高亮度范围，在显示 HDR 内容时可能出现色彩断层与细节丢失。

Log视频：宽广的动态范围

　　Log（Logarithmic）视频基于对数色彩空间编码，将视频信号转换为对数曲线记录。Log 视频具有宽广的动态范围和丰富的色彩信息，可以在后期对其进行较大的色彩调整和细节增强。这种格式常用于电影制作和高端电视节目制作，以获得更接近人眼视觉感知的色彩和亮度表现。

　　（1）为了记录和显示宽广的动态范围和丰富的色彩信息，Log 视频对拍摄设备和显示设备的性能要求较高。

　　（2）Log 视频的色彩需要通过后期处理进行还原：由于 Log 视频的色彩空间较宽广，直出的视频色彩往往看起来较为平淡，需要通过后期处理进行色彩还原和调整。

　　（3）由于记录的信息量较大，Log 视频的文件体积通常比常规视频要大，对存储和传输带宽的要求也较高。

　　（4）有些位深度为 10bit 为 Log 视频，其色彩信息数据量远超常规 8bit 视频，所以即便封装为常见的 MP4 格式，很多播放器也可能无法正常播放。

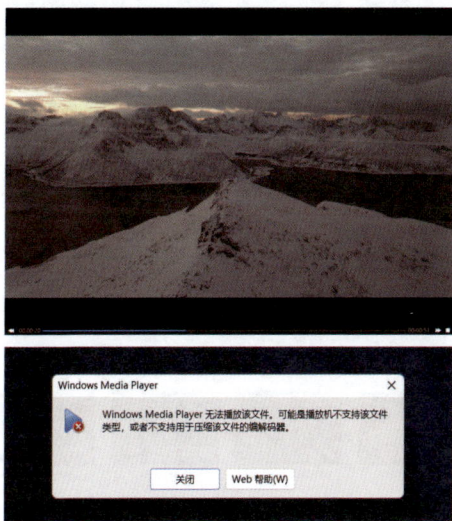

RAW视频：记录最完整的原始信息

视频是由一帧帧画面连续播放构成的，通常每一帧画面是一张 JPEG 格式的图片。由于 JPEG 格式的图片是经过压缩的，所以最终构成的视频信息也会丢失很多。RAW 格式的视频是指未经过压缩、处理、调色等任何加工的原始视频素材，相当于每一帧画面都是一个 RAW 格式的文件。这为后期编辑视频留下了巨大的空间。由于 RAW 格式的视频没有经过压缩处理，因此文件相对较大，需要更多的存储空间。一般情况下，RAW 格式的视频更适合专业的视频制作和后期处理。

整体来看，RAW 是一种高质量的视频格式，适用于专业制作和高端应用。它提供了更大的色彩和细节表现、更大的动态范围，以及更大的灵活性和创意空间。然而，由于其文件体积较大、对硬件设备要求较高，以及需要专业的后期处理等因素，也带来了一些挑战和额外的处理需求。

除少数极致的风光短视频用户，大部分短视频用户其实没必要拍摄 RAW 格式的视频。

视频的创作分工

　　电影、微电影及专业短视频大多是团队工作的成果，需要不同部门和工种的配合才能完成，从而达到更好的表达效果。Vlog 及一些比较简单的短视频则可能没有过多工种的参与，可能拍摄、剪辑均由创作者一人完成。

　　拍摄前期的准备包括完成场景的选择、美术布景、人物造型、剧本创作、实际拍摄等工作，只有准备得足够充分，在实际拍摄时才能够让各个拍摄环节都比较流畅。

　　对专业的视频创作团队来说，后期会有剪辑师进行专门的二次创作，让视频最终呈现出更完美的效果。对一般的短视频爱好者来说，就没有这么复杂，前期拍完后，根据自己的理解和所掌握的技术，（大多数情况下）直接在手机上借助专业的计算机软件或手机 App 进行剪辑即可。

　　对于一些要求不高的短视频创作，可能由一个人完成所有的工作，因此不可能完成所有的前期准备工作，但要将场景、人物造型设计等都要梳理一遍是必不可少的，在力所能及的范围内多做一些准备工作，会有效地提高所拍摄素材的品质，为后期剪辑留下更充分的空间，有助于我们剪辑出更高质量的短视频作品。

素材的前后期关系

　　从创作短视频所用素材的角度来说，前后期也会有一些特定的关系，并相互影响。如果前期拍摄的短视频素材中，出现元素不够、景别不够、镜头类型单一等问题，那么后期剪辑就会受到制约。根据拍摄的题材及主体的特点，为了方便后期的剪辑工作，前期拍摄时就应留意拍摄相关景别或视角的镜头。

　　有些素材可以进行补拍，但另外一些素材可能没有办法补拍，这样就会导致后期无法进行剪辑，或者剪辑出的作品效果不够理想。例如，想要制作一次外出旅游的短视频，前期拍摄的素材一定要全，如果后期剪辑时发现缺少某些素材，那是很难进行补拍的。

　　所以，在前期拍摄素材时，应该先做好分镜头脚本等工作，将所需要的短视频素材列一个表，并逐一进行拍摄，这会为后续的剪辑做好充分准备。

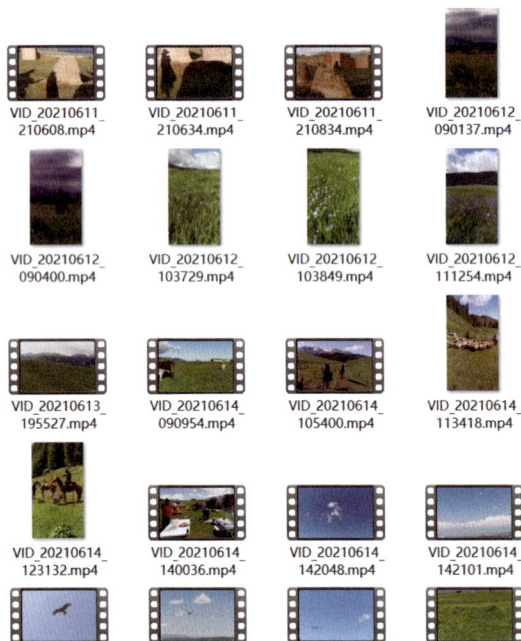

视频制作团队

　　这里根据专业电影或微电影的制作团队分工，介绍视频制作团队成员的分工及职责。当然，除了这些分工，还有场务、后勤等很多岗位，这里就不再过多赘述。

　　对于大多数 Vlog 和短视频的创作，拍摄、剪辑可能均由创作者一人完成，一般不需要复杂的视频制作团队。但了解这种专业视频制作团队的构成，有助于大家加深对短视频创作的理解。

　　（1）监制：维护、监控剧本原貌和风格。

　　（2）制片人：搭建并管理整个影片制作组。

　　（3）编剧：完成电影剧本，协助导演完成分镜头剧本。

　　（4）导演：负责作品的人物构思，决定演员人选，演绎并完成影片的制作等。

　　（5）副导演：协助导演处理事务。

　　（6）演员或者主持人：根据导演及剧本的要求，完成角色的表演。

　　（7）摄影摄像：根据导演要求完成现场拍摄。

　　（8）灯光：按照导演和摄影的要求布置现场灯光效果。

　　（9）场记场务：负责现场记录和维护片场秩序，提供物品和后勤服务等。

　　（10）录音：根据导演要求完成现场录音。

　　（11）美术布景：负责布置剧本和导演要求的道具、场景布置。

　　（12）化妆造型：按照导演要求给演员化妆、做造型、设计服装。

　　（13）音乐作曲：为影片编配合适的配乐和歌曲。

　　（14）剪辑后期：根据导演和摄影要求，对影片进行剪辑组合和制作片头片尾等。

第 2 章

短视频剪辑的素材拍摄要点

短视频素材的拍摄对后期剪辑至关重要，它会影响最终成品视频的质量，以及对观众的吸引力。本章将介绍拍摄短视频素材时的注意事项。

清晰对焦，画面不糊

　　大部分情况下，短视频画面都应该是清晰对焦的。但在一些特殊情况下，画面大部分都清晰，偶尔有一些帧会因为失焦变得模糊，如果短视频素材比较丰富，有同类型的，可将有模糊帧的素材删除掉；如果素材比较匮乏，那么这类有瑕疵的素材也要保留，在后期剪辑时，可以对这种短视频素材进行合理的剪辑，不让模糊帧影响最终视频效果。

　　具体来说，可以将模糊帧删掉，或者在有模糊帧的位置对短视频素材进行分割，然后在这些位置添加一些转场效果。

清晰对焦的画面

对焦失败的画面

锁定对焦位置，确保清晰度一致

　　很多短视频画面前后都有清晰的对焦，但因为对焦位置发生变化，导致画面产生了较大的虚实变化。对于这种素材，只要画面从模糊到清晰的过渡比较柔和，是没有问题的，如果虚实变化过快，或者变化幅度非常大，就需要删掉对焦点改变位置的帧，或者在这些帧的位置添加转场效果等。

对焦点在近景的画面　　　　　　　对焦点在中景的画面

曝光准确，细节完整

　　有些逆光拍摄的大光比场景，素材中容易出现局部曝光过度或不足的问题，这样的视频素材也不应该选择。如果必须保留这种曝光有瑕疵的视频，那么同样按照之前介绍的方法，删除有问题的画面帧，或者在有问题的帧的位置对视频进行分割，然后添加转场或特效滤镜对曝光瑕疵进行遮挡。

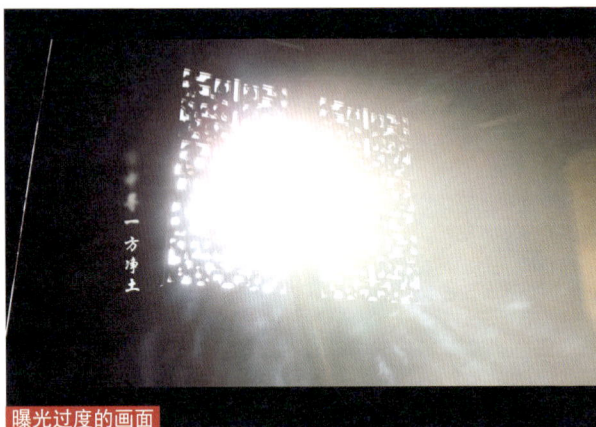

曝光过度的画面

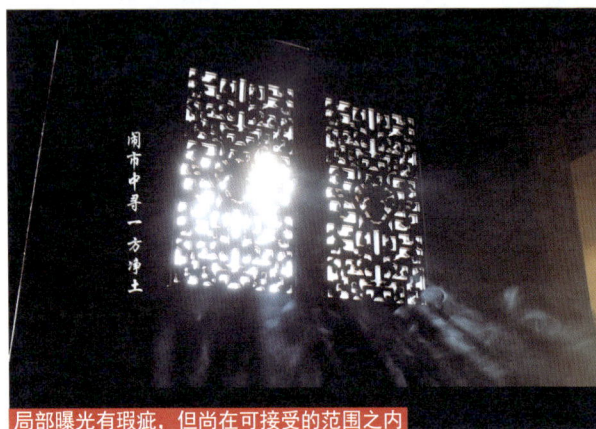

局部曝光有瑕疵，但尚在可接受的范围之内

画面稳定，不抖动

　　如果短视频画面抖动，给人的观感是非常差的。实际上，如果是固定镜头，只要三脚架足够稳定，一般不会出现抖动的问题；大部分抖动幅度过大的视频，都是手持拍摄导致的。所以，要拍摄运动镜头，一定要使用稳定器，并尽量让运动过程平稳一些。

　　下图展示了使用手机拍摄时，借助稳定器来提升画面的稳定性。

锁定曝光，确保画面不闪烁

　　当快速切换某些短视频画面，或者拍摄场景中存在快速移动的对象时，短视频画面则容易出现闪烁的问题。下图是短视频中连续的两帧，可以看到明暗有一个非常大的改变，这说明短视频画面在这个位置是有闪烁的。针对这种情况，在拍摄时可以锁定曝光，确保画面有更均匀的明暗，不会出现闪烁问题。针对存在闪烁画面的视频，在进行后期处理时，可借助计算机端的一些专业软件进行处理，如 After Effects 等。如果没有使用这类软件的能力，则需删掉这种频繁闪烁的素材。

设置合适的帧率

在拍摄短视频之前，要进行帧率的设定，为获得更流畅的视频效果，需要将帧率设置得高一些，最低不宜低于 30fps（帧／秒）。帧率越高，视频效果越平滑；帧率过低，在播放视频时画面会有跳跃感，不够平滑和细腻。

在选择素材时，一定要注意不宜选择帧率过低的素材，满足"不卡顿"的基础需求（24fps 是电影标准，30fps 是电视、短视频常用标准）。

例如，在拍摄这种烟花视频时，将帧率设置为 60fps，烟花绽放的画面会更平滑；如果帧率较低，则可能出现卡顿等问题。

景别丰富，能够满足最终剪辑需求

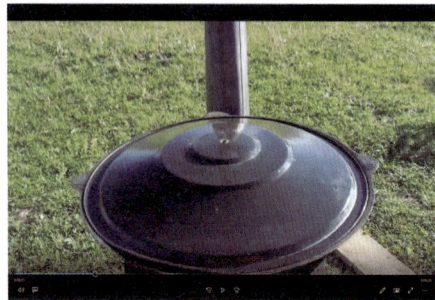

对短视频来说，丰富的景别变化，有利于让短视频最终呈现出更好的效果，让画面更耐看。所以在选择素材时，远景、全景、中近景和特写均需适当选取，不能让某一类景别的视频素材过多，以免画面产生生硬的堆砌感。

左侧这组画面先从远景交代环境、天气等信息；之后接全景交代一些重点对象等；最后接一个特写镜头展现细节。

运动镜头与固定镜头合理搭配

　　对于素材的选择，应该注意运动镜头与固定镜头的搭配，合理的动静结合才能够让短视频更耐看。

　　固定镜头，即摄影机机位、镜头光轴和焦距都保持不变，而被摄对象可以是静态的，也可以是动态的，而画面是固定不动的。在运动中拍摄的镜头，叫运动镜头，也叫移动镜头。

　　下面是从一个美术馆的宣传短视频中截取的一组图，采用了固定镜头与运动镜头结合的方式来呈现。

　　在下面这组图中，上方两帧是固定镜头，展现画面中的水珠向下滚动；下方则是拉镜头的两帧画面，可以看到左侧的画面要近一些，右侧的画面是在逐渐拉远的。

理清剪辑思路

　　在开始对视频进行剪辑之前，剪辑师的首要职责是确立清晰、具体的剪辑目标及整体故事框架。剪辑目标是整个剪辑过程的基石，比如传达特定情感、阐述主题或叙述故事。无论目标如何，都必须具备明确性和可衡量性。例如，若剪辑师的目标是为观众呈现一部紧张刺激的动作片，则需要精心挑选能够营造紧张氛围、展现精彩动作场面的素材。有了明确的剪辑目标，剪辑师便能更准确地评估素材的适用性，避免在庞大的素材库中迷失方向，确保所选素材与剧情线索紧密相连。

　　整体故事结构则是剪辑师在剪辑过程中的指导蓝图。它涵盖了影片的起始、发展、高潮和结尾等各个环节，以及各环节之间的逻辑关系。剪辑师需明确每个部分应展现的内容及其相互间的关联性，以构建一个完整、连贯的故事。这样，在筛选素材时，剪辑师便能依据故事结构，有目的性地挑选能推动情节进展、展示人物性格、营造情感氛围的素材。

　　下方短视频示例的思路非常清晰，由 6 段素材构成，开始是一段推镜头的远景画面，后续多段素材会展现局部细节，最后再以一段拉镜头的远景结束。

挖掘潜力片段，突出亮点

在大量的素材中，可能有一些比较精彩的亮点片段，如同繁星点点，可为整个作品增添光彩，让观众在欣赏的过程中留下深刻的印象。

什么是作品中的亮点片段呢？或许是那些饱含情感的高潮部分，让观众在感动中体验到人性的美好；或许是那些充满创意的特效镜头，让观众在惊叹中感受到技术的魅力；又或许是那些幽默诙谐的对话场景，让观众在欢笑中感受到生活的乐趣。这些片段各具特色，但都能够在观众心中留下难以忘怀的印象。在找到了这些亮点片段之后，剪辑师们便需要运用他们的专业技巧，对这些片段进行重点处理。

在下方的示例中，最后一段视频素材中地面的灯光亮起，让视频画面更具表现力，所以对这段素材进行调色时，特意强化了灯光的亮度和色彩。

注重节奏感，保持节奏流畅

仅仅挑选出高质量的素材并不足以保证作品成功。剪辑师在筛选素材时，还需要对整体节奏进行深入的考虑。整体节奏是指作品中各个元素（包括音效、画面、剧情等）在时间轴上的分布和配合，它直接关系到观众的观影体验。

在剪辑过程中，剪辑师需要对每一个素材进行深入的分析，判断其在整个作品中的位置和功能。每个素材都有其独特的节奏和情绪，如何将这些不同的节奏和情绪有机地结合起来，形成一个和谐统一的整体，是剪辑师需要解决的关键问题。

例如，在一段紧张刺激的剧情中，剪辑师可能需要选择快节奏的素材来增强氛围；而在一段温馨感人的场景中，慢节奏的素材可能更能够引起观众的共鸣。剪辑师需要精准地掌握每一个素材的节奏特点，并将其巧妙地融入到作品中，以达到最佳的视听效果。

同时，素材之间的衔接也是整体节奏感的重要体现。如果素材之间的切换过于生硬或突兀，就会破坏整体的节奏感，让观众感到不适。因此，剪辑师需要运用各种剪辑技巧和手法，确保素材之间的过渡自然流畅，使观众能够沉浸在作品的情境中。

配合音频，丰富观赏体验

　　音频在短视频剪辑中扮演着至关重要的角色，它不仅是画面的补充，更是情感的传递者。在剪辑过程中，剪辑师不仅需要关注画面质量，还要精心挑选和处理音频素材，以打造出更加丰富、生动和引人入胜的观赏体验。

　　在素材筛选阶段，剪辑师需要仔细审查每个镜头的音频质量，确保其清晰、无杂音，并与画面内容相协调，低质的音频可能会破坏观众的整体观赏体验。

　　音频还能够为短视频带来更加丰富的层次感和立体感。通过精心的音频设计和处理，剪辑师可以营造出更加逼真的场景和人物形象，使观众仿佛身临其境。例如，在表现大自然的美景时，通过加入鸟鸣、风声等自然音效，可以让观众感受到大自然的生机和美丽；而在展现城市繁华时，通过加入车流声、人流嘈杂声等背景音效，则可以让观众感受到城市的喧嚣和繁华。

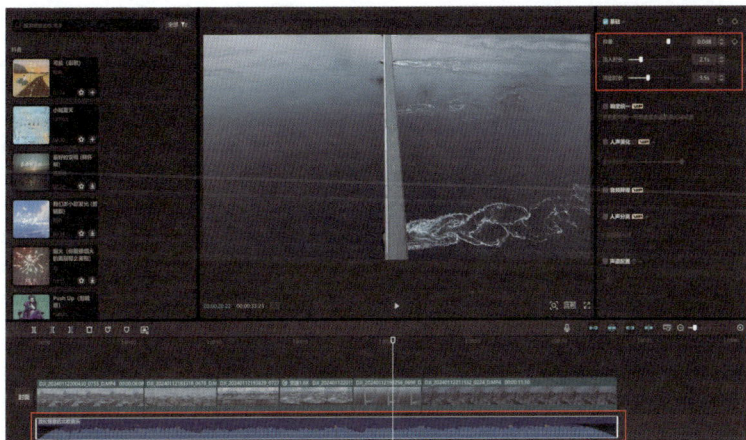

第 3 章

镜头类型与镜头组接

镜头组接是指镜头的连接与组合，是短视频制作的关键环节，它不仅是短视频叙事和情感表达的基础，也是提升短视频艺术表现力和观众体验的重要手段。

运动镜头的特点

运动镜头是指在运动中拍摄的镜头，也称为移动镜头。运动镜头主要通过改变拍摄器材的机位、镜头光轴或焦距来完成拍摄的。

通过移动机位，运动镜头可以使观众感受到画面的动态变化，从而增强画面的视觉冲击力。运动镜头可以跟随移动中的人物或物体，使观众能够持续关注主要元素，同时保持其在画面中的位置。运动镜头还可以在移动中展示更广阔的环境或场景，使观众能够更全面地了解环境布局和背景，并通过快速移动或缓慢移动来传达紧张、兴奋、悲伤等情绪，从而增强影片的情感表达。运动镜头可以与音乐或对话配合，创造出特定的节奏感，使影片更加引人入胜。

运动镜头可以在不同场景之间进行平滑过渡，使观众能够更自然地从一个场景转换到另一个场景。

固定镜头的特点

　　固定镜头是一种在拍摄过程中，机位、镜头光轴和焦距都保持固定不变的镜头，而被摄对象可以是静态的，也可以是动态的。固定镜头特别适合展现静态环境，如会场、庆典、事故等事件性新闻的场景。通过远景、全景等大景别的固定画面，可以清晰地交代事件发生的地点和环境。能够较为客观地记录和反映被摄主体的运动速度和节奏变化。与运动镜头相比，固定镜头由于视点稳定，观众可以更容易地与一定的参照物进行对比，从而更准确地认识主体的运动速度和节奏变化。

　　然而，固定镜头也有其局限性，例如视点单一、构图变化有限等。因此，在使用固定镜头时，需要充分考虑其特点，合理运用，以充分发挥其优势，避免其不足。从摄影技巧的角度来看，固定镜头的拍摄需要摄影师具备较高的构图能力和观察力。下面这个示例是一个固定镜头场景，视角固定，远处的车辆缓缓驶来。

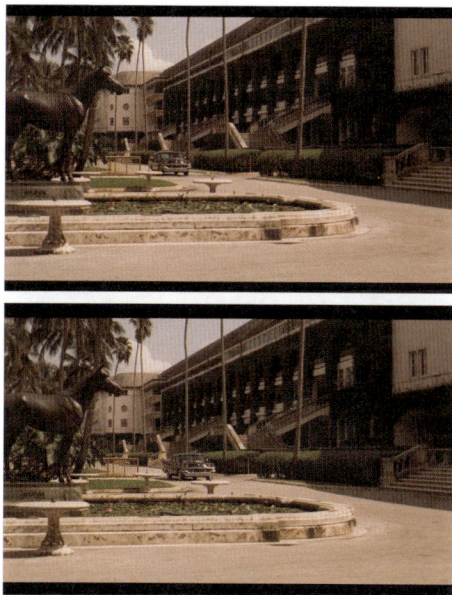

什么是剪辑点

　　剪辑点指的是适合在两个镜头或片段之间转换的点，包括声音或画面的转换。在影视制作中，剪辑点的选择对于保证镜头切换的流畅性和自然性至关重要。

　　剪辑点可以分为两大类：画面剪辑点和声音剪辑点。其中，画面剪辑点又可以细分为动作剪辑点、情绪剪辑点和节奏剪辑点。下面详细介绍动作剪辑点与声音剪辑点。

　　动作剪辑点主要关注主体动作的连贯性。在选择动作剪辑点时，剪辑师会注重镜头外部动作的流畅转换，使得不同镜头之间的动作能够自然衔接，增强观众的观看体验。

　　声音剪辑点则包括对白、音乐、音响效果等元素的剪辑点。这些声音元素在影视作品中同样扮演着重要的角色，这些剪辑点的选择也需要仔细考虑，以保证声音与画面的协调性和整体观感的和谐性。

　　下图展示的是一个炒菜的场景，前一个镜头以翻炒结束，后一个镜头以盛菜开始，那么从翻炒到盛菜的这个瞬间就可以作为剪辑点，最终让两个镜头非常流畅地衔接了起来。

长镜头与短镜头

视频剪辑领域的长镜头与短镜头，并不是指镜头焦距的长短，也不是指摄影器材与主体的距离远近，而是指单一镜头的持续时间。一般来说，单一镜头持续超过 10s，可以认为是长镜头，不足 10s 则可以称为短镜头。

长镜头和短镜头在叙事节奏和气氛营造上有不同的作用。长镜头通过其连贯性和深度，能够营造一种沉静、稳定的气氛，使观众有充分的时间去品味和思考。而短镜头则因为其快速切换和冲击力，能够迅速吸引观众的注意力，营造一种快节奏、紧张的气氛。

在短视频制作中，长镜头和短镜头的选择与运用需要根据具体的剧情、氛围和效果需求来决定。它们各自具有独特的特点和优势，通过合理地运用和组合，可以创造出丰富的视觉体验，引发情感共鸣。

如下图所示，这段短视频中最后一个片段是长镜头，而前面的几个片段则是短镜头。

固定长镜头

固定长镜头是指在较长的时间内，保持固定机位和焦距设置，持续对同一主体或场景进行拍摄的镜头。这是电影、纪录片、短视频等制作中一种常见的拍摄技巧。这种拍摄方式可以带来多种艺术效果和观看体验。

固定长镜头可以给观众一种静态、持续的观察感。除此之外，固定长镜头客观地展示被摄主体，不受摄影师主观视角的影响，使观众能够更加真实地感受到被摄主体的变化，让观众的注意力更容易集中在被摄主体上，从而更好地理解和感受主题。

固定长镜头可以创造出一种静态的美感，使画面更加和谐、平衡。

景深长镜头

采用大景深参数拍摄，使所拍场景的景物（从前景到背景）都非常清晰，这种持续拍摄的长镜头称为景深长镜头。由于景深长镜头通常近景与远景同样清晰，因此可以让观众看到现实空间的全貌和事物之间的实际联系，从而表现出更为丰富的信息。

景深长镜头能够以一个单独的镜头表现完整的动作和事件，无需依赖前后镜头的连接即可独立存在。

景深长镜头强调时间的连续性与空间的完整性，所以其画面一般具有较强的空间感和立体感，并且可以形成多个视觉平面互相衬映、互相对比的复杂空间结构。

例如，拍摄人物从远处走近或由近走远，用景深长镜头可以让画面中从远景到特写等不同距离的景物均保持清晰。一个景深长镜头实际上相当于一组包含远景、全景、中景、近景、特写的镜头组合所表现的内容。

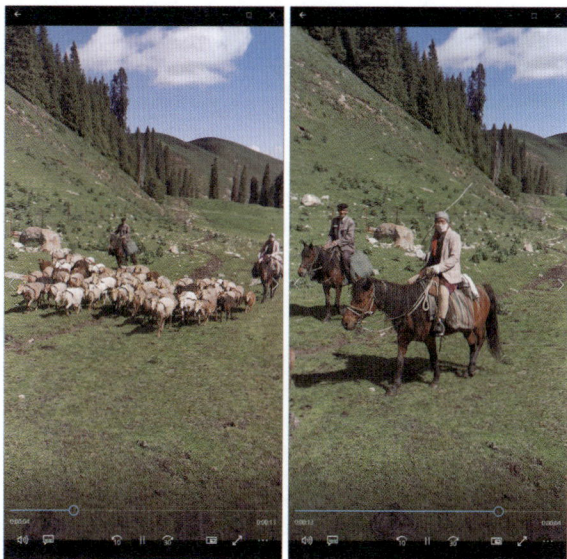

运动长镜头

　　用推、拉、摇、移、跟等运动拍摄方式呈现的长镜头，称为运动长镜头。一个运动长镜头可以将不同景别、不同角度的视觉信息融合到同一个镜头当中。

　　运动长镜头可以捕捉到动态场景中的细节和变化，同时也可以突出主体。运动长镜头常用于动作场景，如追逐、比赛等，可以让观众更加真实地感受到场景的紧张和刺激。

　　拍摄这种镜头需要摄影师具备较高的技术水平和较丰富的拍摄经验，以确保画面的稳定性和流畅性。

空镜头的使用技巧

空镜头又称"景物镜头"，是指不出现人物（主要指与剧情有关的人物）的镜头。空镜头有写景与写物之分，前者通称风景镜头，往往用全景或远景表现；后者又称细节镜头，一般采用近景或特写。

空镜头常用于介绍环境背景、交代时间与空间信息、酝酿情绪氛围、过渡转场。

拍摄一般的短视频，空镜头大多用来衔接人物镜头，实现特定的转场效果或交代环境等信息。下方的画面展示的是前后两个人物镜头中间以一个空镜头进行衔接和转场。

镜头的前进式组接

　　大多数短视频都不止一个镜头，而是多个镜头组接起来的综合效果。在对多个镜头进行组接时，要注意一些特定的规律。常见的镜头组接方式有前进式组接、后退式组接、环形组接、两极镜头组接等。通过这些特定的组接规律来组接镜头，才能让最终剪辑而成的短视频更自然、流畅，整体性更好，如同一篇行云流水般的文章。

　　前进式组接是指景别由远景、全景向近景、特写过渡，这样景别的变化幅度适中，不会给人跳跃的感觉。这种组接方式通常用于表现由低沉到高昂向上的情绪和剧情的发展。通过循序渐进地变换不同视觉距离的镜头，可以形成顺畅的连接，使观众能够自然地融入剧情，感受到情感的变化。

　　在拍摄过程中，为了实现前进式组接，需要精心选择拍摄角度和景别，确保镜头之间的过渡自然、流畅。在后期剪辑时，需要巧妙地运用剪辑技巧，使各个镜头能够有机地组合在一起，形成完整的叙事结构。

镜头的后退式组接

　　这种组接方式与前进式正好相反，是指景别由特写、近景逐渐向全景、远景过渡，呈现出细节到场景全貌的变化。

　　采用后退式组接的镜头，随着镜头逐渐远离，观众的感觉也会从紧张逐渐过渡到放松。这种情感的变化可以很好地配合剧情的发展，增强观众的观影体验。

　　需要注意的是，后退式组接并不是万能的，它的使用应该根据具体的剧情和视觉效果的需要来决定。在剪辑过程中，还需要考虑镜头的长度、节奏、音效等因素，以达到最佳的观影效果。

两极镜头组接

　　所谓两极镜头，是指组接镜头时由远景接特写，或者由特写接远景，跳跃性非常大，让观者有较大的视觉落差，形成视觉冲击。两极镜头一般在影片开头和结尾使用，也可用于段落开头和结尾，不适宜用作叙事镜头，因为容易造成叙事不连贯性。

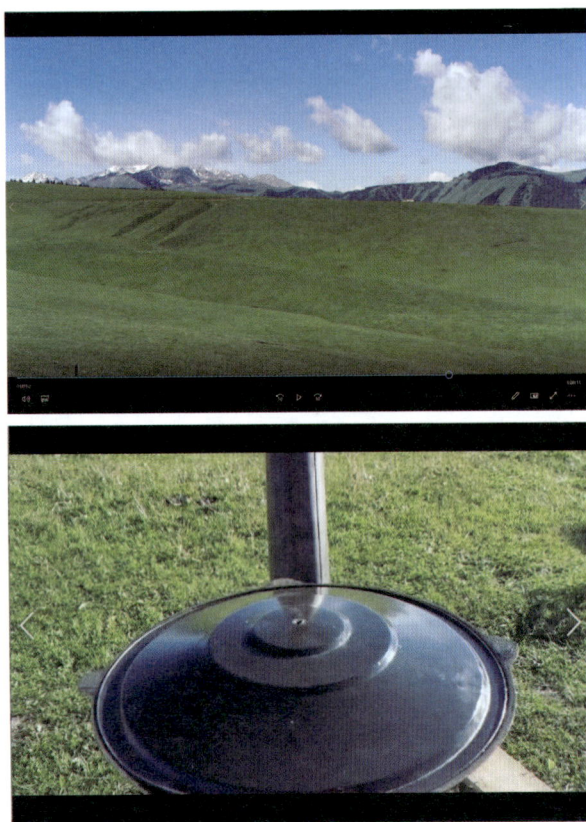

用空镜头等过渡固定镜头组接

在剪辑过程中，尽量将固定镜头与运动镜头搭配使用。如果使用了太多的固定镜头，容易给人零碎感，而运动画面可以比较完整、真实地记录和再现生活原貌。

不过，并不是说固定镜头之间不能组接，在一些特定的场景当中，也有用固定镜头接固定镜头的情况。比如，看电视新闻节目，不同的主持人播报新闻，中间可能是没有穿插运动镜头过渡的，而是直接进行组接。

在表现同一场景、同一主体的，在画面各种元素变化不是太大的情况下，必须进行固定镜头的组接。此时可以在不同的固定镜头中间用空镜头、字幕等过渡一下，这样组接后的短视频就不再会有强烈的堆砌与混乱感。

同样内容的固定镜头组接

在表现某些特定风光场景时，不同固定镜头呈现的可能是这个场景在不同天气条件下的变化，有流云，有星空，有明月，有风雪，此时进行固定镜头的组接就会非常有意思。注意，组接这种同一个场景不同天气、时间下的固定镜头，不同镜头的长短最好相近，否则组接后的画面就会产生混乱感。

下面展示的是颐和园的同一个场景，采用的同样是固定镜头，但呈现了不同的时间段、不同天气的景色。

【歪咖影像】昨晚北京颐和园风云变换震光晉照
北京市

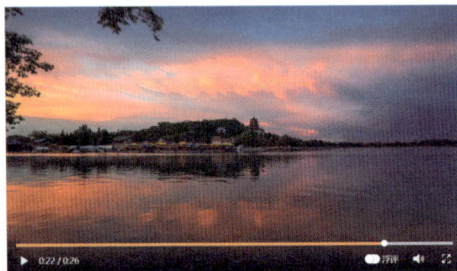

【歪咖影像】昨晚北京颐和园风云变换震光晉照
北京市

轴线与越轴

　　轴线组接的概念及使用都很简单，但又非常重要，一旦违背轴线组接规律，短视频就会出现不连贯的问题，感觉非常跳跃，不够自然。

　　轴线是被摄对象的运动方向、视线方向或物体之间的位置关系所形成的一条虚拟直线。例如，人物行走的方向线、两人对话时的视线连接线，都可视为轴线。

　　比如在看电视剧时，如果观察够仔细，就会发现，尽管有多个机位，总是在对话人物的一侧（人物的左手侧或是右手侧）进行拍摄。如果在同一个场景，有的机位在人物左侧，有的机位在右侧，那么这两个机位的镜头就不能组接在一起，否则就称为"越轴"或"跳轴"，这种画面除特殊需要外不宜组接。下图是一个对话场景，可以看到机位始终位于两人的同一侧。

第 4 章
短视频剪辑的工作流程

对许多初学者而言，即使掌握了剪辑软件的基本操作，仍可能对如何制作一个完整的短视频感到困惑。为此，我们特地梳理了短视频剪辑的全流程，旨在帮助大家了解从整理素材到最终导出成片的每一个步骤。

合理的工作流程是高效剪辑的前提

在剪辑工作中，清晰、合理的工作流程能够显著提高剪辑效率，减少错误和遗漏。

首先，合理的工作流程可以明确各个剪辑环节的任务和职责。具体包括素材的收集、整理、初步筛选，以及后续的剪辑、特效处理、音效设计、字幕添加等。每个环节都有明确的负责人和工作时间表，可以确保所有的工作能够有序进行。

其次，合理的工作流程可以让硬件资源（如计算机、存储设备等）和软件资源（如剪辑软件、特效插件等）能够充分发挥作用，避免资源浪费和冲突。

最后，在剪辑过程中，可能会出现各种意外情况，如素材丢失、设备故障等。如果有合理的工作流程，就会有随时应对突发情况的预案，以确保项目能够顺利进行。

熟悉视频素材

　　拿到前期拍摄的素材后，首要的任务就是对素材进行整体的浏览和熟悉。通过一到两遍的整体观看，可以初步了解摄影师在拍摄过程中捕捉到的内容，对每个素材形成大致的印象，为后续剪辑工作打下坚实的基础。

　　在浏览素材时，我们应当尽量站在摄影师的角度，去感受他们想要传达的意图和情感。这样，剪辑师才能更好地理解素材的内涵，为后续剪辑工作提供有力的支持。

　　同时，还需要对每个素材进行仔细的观察和分析。观察镜头的运用、画面的构图、演员的表演等细节，分析这些元素如何与剧本和整体风格相契合。这样，剪辑师才能更好地把握剪辑的节奏和风格，使剪辑后的作品更加符合观众的审美需求。

　　熟悉视频素材时，可借助剪映的媒体区，开启"预览轴"功能，在素材上滚动鼠标滚轮即可快速浏览素材内容，从而提高浏览效率。

整理剪辑思路

在熟悉所有的素材后，要整理出剪辑思路。这需要对每一个镜头进行仔细研究，理解其内涵和表现力，同时还需要将这些镜头与剧本进行对照，找出它们之间的内在联系和逻辑关系。

《望长城》短视频拍摄脚本

拍摄主题：长城；拍摄地点：各地长城；拍摄时间：20xx年11月—20xx年12月

镜头	景别	画面内容	音乐	解说词	时长（s）	备注
1	远景		舒缓、悠长、渐隐		5	
2	全景	渐入渐出的一段长城			2	
3		黑场			1	
4	远景	太阳从关楼升起	渐起、浑厚、舒缓		20	变速到20秒
5	全景	三青山云海			45	
6	远景	草原河流落日			15	
7	近景	箭扣云海			20	
8		金山岭云海			12	
9		金山岭长城全貌			10	
10		金山岭长城云海			10	
11		彗星掠过长城敌楼			15	
12		正北楼与中国樽合影			15	
13		司马台长城雨后			15	

在专业的电影及视频制作领域，在整理剪辑思路时，剪辑师需要与其他制作人员保持良好的沟通。例如，与摄影师沟通拍摄意图和镜头选择，与音效师沟通音效和音乐的运用等。这些沟通都是为了确保最终剪辑出的电影能够完美地呈现导演的创作意图，同时也能满足观众的审美需求。

对在自媒体平台发布的大多数短视频或 Vlog 来说，剪辑思路通常很简单，只要按照时间顺序将素材组接起来就可以了。

镜头分类筛选

　　一旦有了明确的剪辑思路，接下来的工作就是对素材进行筛选和分类。这个过程就像是在一片茂密的森林中寻找合适的树木，以搭建人们心中的理想之屋。

　　首先，要对所有的素材进行初步筛选，根据拍摄的内容和场景，将相似的镜头归类到一起。比如，可以将所有与户外风光有关的镜头归为一类，而将室内对话的场景则归为另一类。这样的分类有助于人们在后续的剪辑中快速找到所需的素材，提高工作效率。

　　为了更好地管理这些素材，建议在剪辑软件的项目管理中建立相应的文件夹。这些文件夹可以按照场景、人物、事件等类别进行命名，使得整个项目结构清晰明了。例如，可以为户外风光镜头创建一个名为"自然风光"的文件夹，为室内对话场景创建一个名为"室内对白"的文件夹，还可以将不打算使用的素材放入"暂时排除"文件夹中等。

粗剪视频（框架、情节）

完成素材的整理，并明确剪辑思路之后，接下来可以进入视频粗剪环节。具体来说就是制作最终视频的原始版本，后续还要进行修改。粗剪的主要目的是构建整个视频的结构，验证创作者的构思和想法，而不必过于关注细节，如音乐、节奏或剪辑点等。粗剪主要关注视频的逻辑和前后镜头的衔接，以便为后续的剪辑工作提供基础。

粗剪操作具体包括以下几步。

（1）选择需要的合适的素材片段，并将其放置到时间线上。

（2）调整视频素材的顺序，使视频的叙事逻辑更加清晰明了。

（3）对素材进行删减，去掉不需要的部分或逻辑不合理的部分，使视频更加连贯。

精剪视频（节奏、氛围）

　　精剪视频是指在粗剪的基础上，对视频进行更精细的剪辑和处理。这个过程涉及对每个镜头的精细调整，包括删除无效的内容、修剪多余的片段、添加配音和音效等，以打造出最终的、完整的视频作品。精剪后的视频版本通常代表了作品的最终呈现形式，精剪也是电影、电视剧、广告等视频制作中不可或缺的一个环节。

　　视频的精剪，涉及对影片节奏、氛围、情绪、主题的深入调整和优化。通过精剪，剪辑师能够确保影片在保持剧情连贯性的同时，更加紧凑、引人入胜，使观众能够沉浸在影片的氛围中，深入体验故事的情感和主题。

　　在精剪过程中，要仔细审查视频的每一个段落，识别出那些拖沓、冗长或者对剧情发展没有实质性贡献的部分。这些部分可能包括过多的铺垫、无意义的对话、重复的场景等。通过将这些内容修剪掉，能够让影片更加紧凑，加快节奏，使观众更容易被吸引并保持高度的关注。这种减法并不意味着削弱影片的内容，相反，它能够使影片更加精炼，突出核心元素，让观众更加专注于故事的核心。在下图中，对中间一个镜头进行了加速，以匹配周边镜头的时长；对最后一个镜头同样进行了加速，避免过长导致整个短视频显得拖沓。

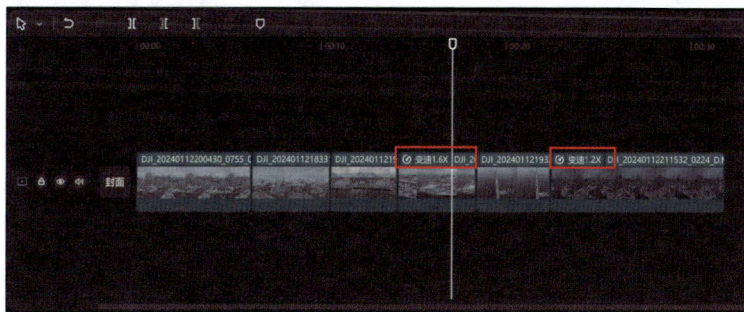

添加配乐、音效

　　配乐作为影片的重要组成部分，能够增强影片的整体风格和情感表达。一部优秀的影片，不仅画面精美，剧情引人入胜，配乐也是不可或缺的元素。配乐能够为影片创造出独特的氛围，使观众更加沉浸其中。例如，在悬疑片中，紧张刺激的配乐能够增强观众的紧张感，而在浪漫片中，温柔动人的配乐则能够营造出浪漫的氛围。因此，选择适合影片风格和情感的配乐，对影片的呈现效果至关重要。

　　音效是影片声音层次的重要组成部分，它能够让影片更加生动真实，为观众带来更加身临其境的感受。例如，在动作片中，逼真的打斗音效能够让观众感受到紧张刺激的氛围；在自然风光片中，细腻的自然音效则能够让观众仿佛置身于大自然之中。音效的运用需要精细入微，既要符合影片的整体风格，又要能够突出细节，为观众带来更加深刻的体验。

　　配乐和音效的协调也是影片成功的关键之一。它们需要在情感上相互呼应，共同营造出影片所需的氛围和节奏。

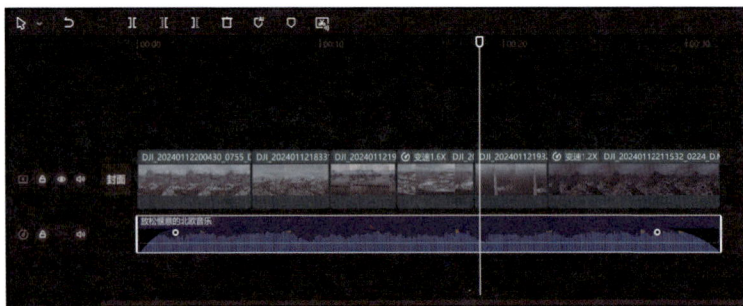

添加字幕及特效

字幕不仅是影片内容的补充，更是帮助观众理解对话、环境声等音频信息的桥梁。特别是在一些背景噪声较大或者角色口音较重的场景中，字幕能够帮助观众更清晰地理解对话内容。此外，字幕还能够增强影片的视觉效果，提升整体的观赏性。

与字幕同样重要的是片头片尾特效的制作。片头特效往往能够给观众留下深刻的印象，为影片定下基调，引导观众进入故事情境。例如，一些史诗般的大片在片头会使用令人震撼的视觉效果、激昂的音乐和精心设计的字幕，将观众带入一个宏伟、神秘的世界。而片尾特效则常常起到总结影片、引发观众思考的作用。通过精心设计的特效和字幕，可以让观众在影片结束后仍然沉浸其中，回味无穷。

在剪辑过程中，剪辑师会根据剧情需要，提前为特效预留一些空间，以便特效师在后期制作中能够更好地发挥创意。

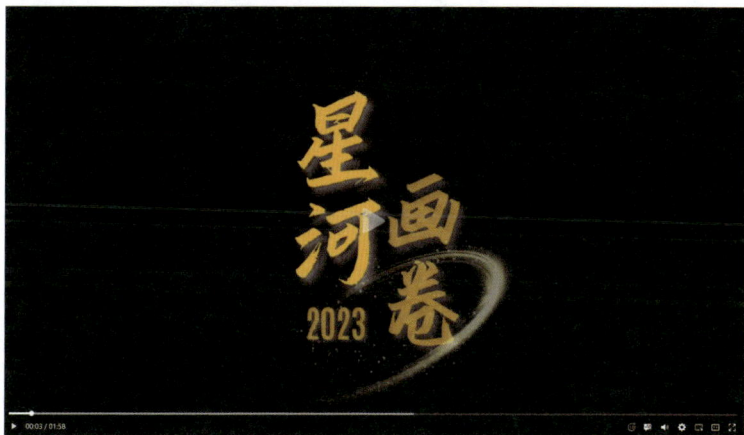

视频调色

　　视频剪辑工作初步完成后，调色成为至关重要的环节。这一步对确保视频的整体视觉效果至关重要。通常，专业的电影制作领域，这一任务会由专业的调色师来完成。

　　颜色统一校正是调色的第一步。在拍摄视频的过程中，可能涉及多个场景、不同的光线条件和摄影设备，因此颜色可能存在差异。调色师需要利用专业的软件工具，对各个片段进行逐一分析，调整色彩平衡、对比度和饱和度等参数，以确保整个影片在色彩上一致和协调。这一步的目标是消除色彩上的不连续，使观众不会被突兀的色彩变化干扰。

　　接下来是风格调整环节。调色师需要根据导演的要求和视频的主题、氛围，对颜色进行更加深入和创造性的调整。通过调整色温、色调和色彩映射等参数，为影片创造出独特的视觉风格，营造出不同的情感氛围。例如，在浪漫喜剧中，可采用温暖和明亮的色调来营造轻松愉快的氛围。

　　调色师还需要注意色彩与情节之间的呼应关系。在不同的情节节点，通过色彩的变化，可以引导观众的情绪，加强影片的叙事效果。例如，在角色经历情感转折或剧情高潮时，通过改变色调的明暗和冷暖，可以突出这些关键时刻，引起观众的共鸣，使观众更加投入。

渲染输出视频成品

　　确保剪辑工作已经完成，并且所有的特效、音效和配乐都已添加到视频中之后，我们可对视频进行预览，确认所有的剪辑和效果都符合预期后，就可以对视频进行渲染，并输出成品。

　　渲染视频时，需要选择合适的输出格式和分辨率。不同的输出格式和分辨率会影响影片的质量和播放效果。例如，如果打算在高清电视上播放影片，就需要选择高清输出格式和分辨率。如果打算将影片上传到社交媒体平台，就需要选择适合该平台的输出格式和分辨率。

第 5 章

剪映的基础操作与剪辑技巧

　　剪映专业版是一款功能全面、易于上手、高效稳定的视频剪辑软件，广泛用于自媒体从业者和影视后期专业人士的视频创作。它拥有强大的素材库，支持多视频轨和无限音频轨的编辑，可以满足各种专业剪辑场景的需求，帮助用户更轻松地创作出专业级别的作品。本章将详细介绍剪映专业版的入门操作，让读者快速掌握其基本功能和视频剪辑技巧。

剪映软件的下载与安装

要下载剪映专业版的安装程序，可以通过浏览器访问其官方网站进行下载。下载完成后，双击该程序，将会弹出安装界面。默认情况下，剪映专业版会被安装在 C 盘上。若希望更改安装路径，可单击安装界面中的"更多操作"按钮，随后单击"浏览"按钮，选择目标路径。

安装程序会默认创建剪映专业版的桌面快捷方式。如果不需要桌面快捷方式，可以取消勾选"创建桌面快捷方式"复选框。

安装路径选择完成后，单击"立即安装"按钮，即可进行安装。安装过程不需要任何其他操作。

进入剪映工作界面

启动剪映专业版时，软件会进行运行环境检测。检测完成后，会弹出相应的检测结果提示。此时，用户只需单击"确定"按钮，即可进入剪映专业版。

进入剪映专业版的软件界面后，用户可单击界面上方的"开始创作"按钮，进入剪映专业版工作界面进行视频剪辑及特效的制作。

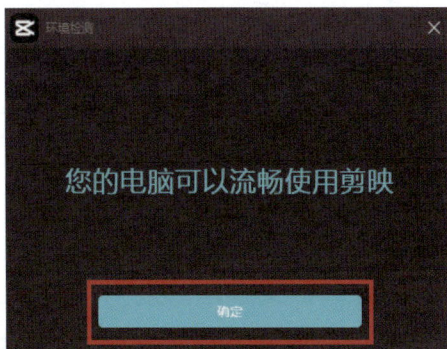

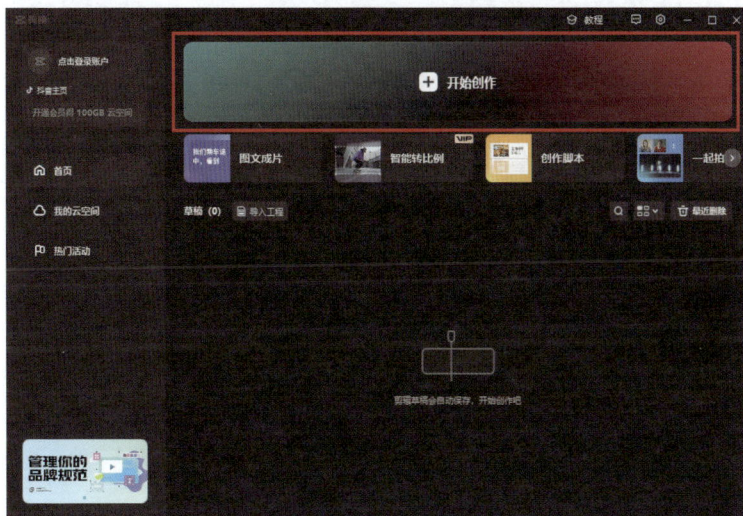

剪映专业版界面功能分布

　　进入剪映专业版工作界面（也可以称为剪辑界面）后，在剪辑界面中，用户可以看到 4 个主要区域。①为媒体素材区：用于导入在剪辑过程中所需的各类媒体素材，在制作视频时所需的各种特效和工具也在该区域中添加。②为播放器区：为用户提供预览导入素材及剪辑效果的窗口，使得用户能够实时查看和调整编辑效果。③为属性调节区：调整各种特效属性及参数。④为时间线区：用户可以在此添加各种特效轨道、调整视频时长等，以满足精细的剪辑需求。

导入视频素材

　　启动剪映并进入剪辑界面后，在页面左上角找到"导入"按钮。单击该按钮，就可以将素材添加到剪映中。这些素材可以是视频、音频或图片等。

　　选中希望导入的素材文件，然后单击"打开"按钮，这些文件就会被导入到剪映的"本地"文件中。如果希望同时导入多个文件，可以按住键盘上的 Ctrl 键，依次单击选中多个文件，导入剪映即可。

本地素材管理

　　视频素材从本地计算机导入剪映软件后，主要存放于媒体素材区的"本地"面板中。目前，已成功导入 4 段素材，并在媒体素材区创建了两个文件夹，将其分别命名为"远景"和"特写"。这样，我们可以轻松地将相应的视频素材归类至对应的文件夹内。要新建文件夹，只需在面板空白处右键单击，并从弹出的快捷菜单中选择"新建文件夹"命令。要对素材进行分类操作，可单击并拖动不同素材至相应的文件夹。如需删除某些素材，可在选中该段素材后，按键盘上的 Delete 键，或者通过单击鼠标右键并在弹出的快捷菜单中选择"删除"命令来实现。此外，在面板的右上角还可以通过单击"排序"及"显示方式"等按钮来调整视频素材的排列顺序和素材图标的大小。

　　媒体素材区提供了全面的视频素材管理与筛选功能，用户可在后续操作中快速浏览视频内容。关于如何预览视频，将在后续部分详细介绍。

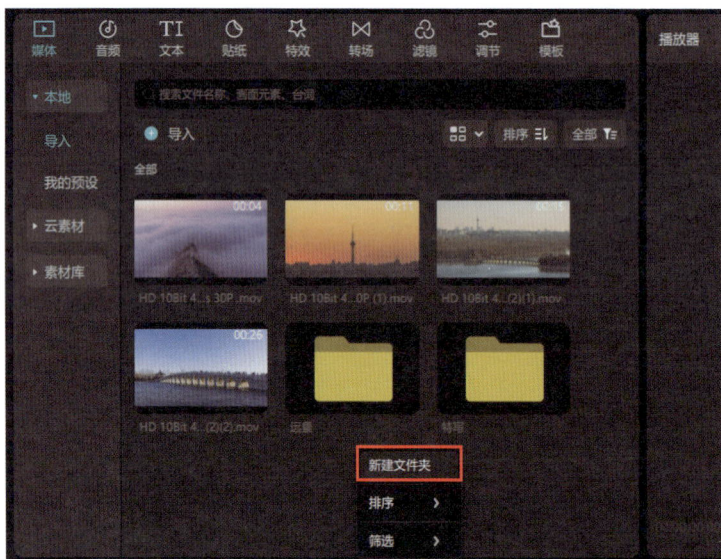

访问和使用云素材

在媒体素材区左侧,第二项为"云素材"。通过此功能,用户可将本地素材上传至个人的剪映(抖音)账号中。这意味着无论用户是否使用个人计算机,只要登录自己的账号,即可访问和使用云素材中存储的素材。当然,前提条件是用户必须登录自己的抖音账号。一旦登录,用户即可查看并使用已上传至云素材的各类素材。

丰富自己的云素材

　　要使用云素材，需要先将本地素材上传至云空间。在剪映软件的初始界面，要先登录个人账号，随后在左侧面板中单击"我的云空间"选项。接着单击"上传"按钮，并从弹出的选择文件对话框中找到需要上传的素材，单击"打开"按钮完成上传。完成上述步骤后，用户可以在媒体素材区的云素材面板中看到已上传的素材，并随时使用。

应用素材库中提供的剪辑素材

剪映除了支持用户上传本地素材和云素材，还提供了一个丰富的素材库，其中包含众多由官方精心收集和整理的剪辑素材。这些素材不仅数量众多，而且类型多样，能够满足用户在剪辑过程中的各种需求。虽然部分高质量视频素材仅限 VIP 用户使用，但大多数常用素材均可免费获取和使用。用户只需在剪映中打开素材库，通过简单的操作即可选中并应用所需素材，从而更加便捷地实现所要呈现的短视频效果。

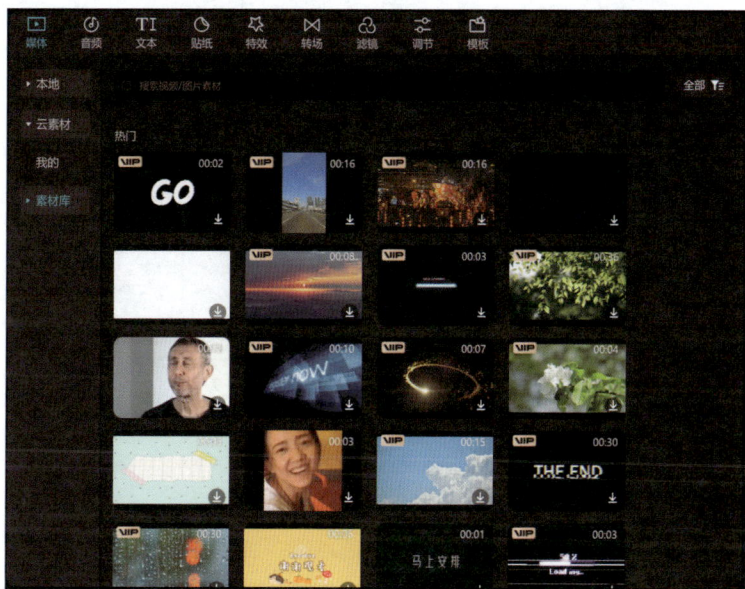

预览轴功能设定

在媒体素材区内可直接快速预览素材，但需要在下方的时间线区启用"预览轴"。启用后，将鼠标指针悬停在媒体素材区的素材上，无须单击，仅通过左右滑动，播放器面板即可展示该素材的全部内容，极为便捷。若关闭"预览轴"，则需选择特定素材，以预览其单帧画面，而非播放完整内容。因此，建议在剪辑过程中开启"预览轴"功能。

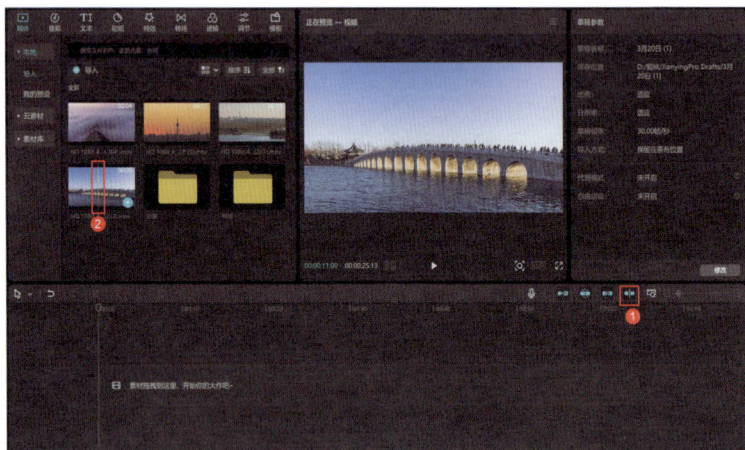

添加素材到视频轨道

　　在媒体素材区，用户只需单击已导入的素材，播放器区就会显示该素材的画面。确定使用该素材时，将其添加到时间线轨道中。有两种方法可以实现这一操作：一种方法是直接单击素材右下角的蓝色加号，这样素材就会被添加到轨道上；另一种方法是用鼠标拖动媒体素材区的素材，拖到时间线区的视频轨道上再松开鼠标，这样也能成功地将素材添加到轨道上。

轨道操作与设定

　　时间线是非常重要的区域，所有导入的素材都会被添加到时间线的不同轨道上。在每条轨道左侧都有多个标志。单击锁形图标，可锁定当前轨道。一旦轨道被锁定，将无法对其进行任何操作。单击眼睛图标可以隐藏当前轨道。在处理多个图层时，隐藏那些不必要的轨道，可以有效减少剪辑时的干扰，使剪辑工作更加高效。单击喇叭图标则可以开启或关闭视频自带的原声。

　　用户通过控制时间指针（也称为播放头），可以在播放器中浏览不同时间的素材效果。此外，在时间线区还可以添加音频轨道和字幕轨道。

　　如果开启了"预览轴"功能，还可以用鼠标在视频轨道上滑动，不必单击即可浏览视频。

设置视频的封面

　　视频封面是指未播放视频时展示的视频缩略图，或者将视频上传至自媒体平台时，所呈现的封面效果。在选择视频封面时，建议挑选视频中的精彩瞬间，并附上恰当的文字说明。一个优质的封面能够极大地提升视频的吸引力。

　　首先，将视频导入视频编辑软件中，并加载至视频轨道。随后，单击左侧的"封面"选项，此时将打开"封面选择"界面。在此界面中，可以挑选一个视频中的精彩画面。选定后单击"去编辑"按钮。接下来在剪映提供的模板中，为视频选择一个合适的文字模板。若需要调整文字内容，可将鼠标指针移至视频画面上，双击文字即可进行修改。完成封面的编辑后，单击"完成设置"按钮，此封面将被应用到视频中。待视频制作完成后，封面将在应用时自动展示。

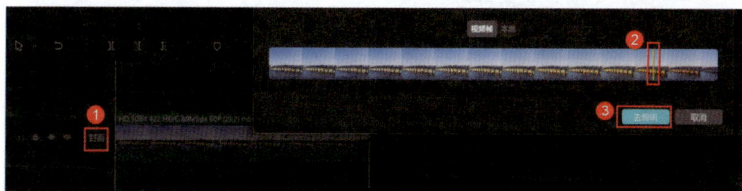

导出视频素材

在完成视频剪辑与调色等所有步骤后，可以导出视频。剪映的导出功能既简洁又高效。用户只需单击软件界面右上角的"导出"按钮，随后将看到之前设置的视频封面。在此界面中，用户可以指定视频的名称和存储位置，并在导出选项下方选择适当的分辨率、码率、编码格式和帧率等参数。一般而言，分辨率的设置应根据视频的具体用途来确定。例如，若视频主要用于网络分享，那么将分辨率设定为 1080P 即可。关于编码格式，推荐使用 H.264，同时建议将视频格式设定为 MP4。对于网络视频分享，将帧率设定为 30fps（帧/秒）是一个不错的选择。完成上述设置后，只需再次单击"导出"按钮，即可将视频导出。

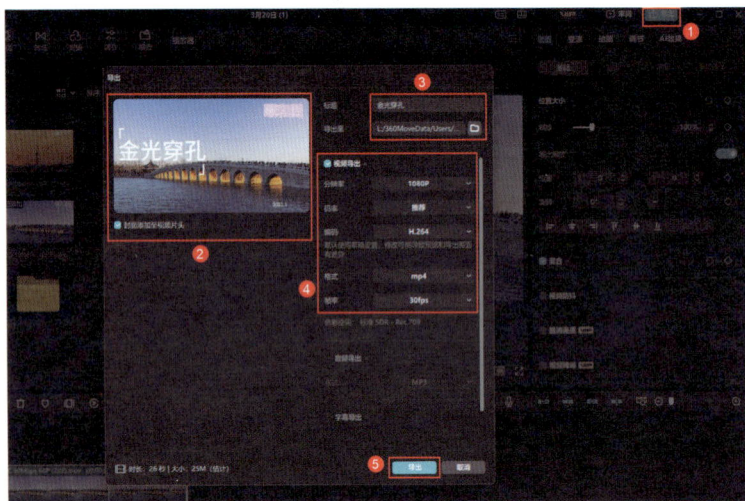

分割视频素材

　　在剪辑视频的过程中，有时会遇到视频素材时长过长的情况，此时需对素材进行分割处理。下面介绍如何在剪映软件中对视频素材进行分割操作。

　　用在视频轨道上滑动滚轮定位至需分割的位置，直接按键盘上的 Ctrl+B 组合键可以在对应的竖线位置分割视频。另外，拖拽时间指针至需要分割的视频片段处，单击时间线区上方的"分割"按钮也可分割视频。

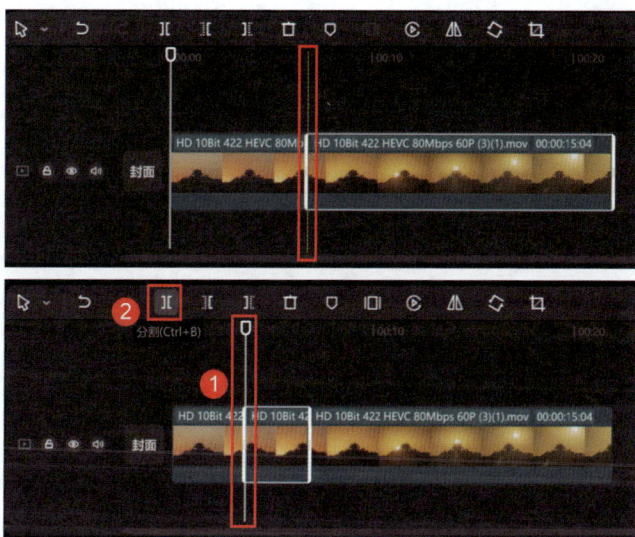

删除视频素材

　　在剪辑视频的过程中，可能会遇到视频素材中存在不需要的部分，此时需要对这部分素材进行删除。下面介绍如何在剪映软件中对视频素材进行删除操作。

　　选中所要删除的视频片段，单击时间线区上方的"删除"按钮，即可删除该片段，保留需要使用的视频片段。

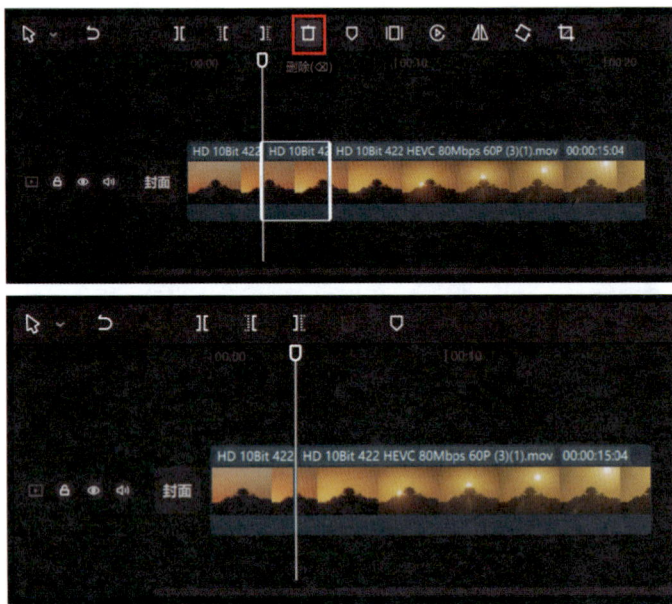

替换视频素材

　　替换素材功能用于对素材中不适宜的片段进行替换，同时将所需视频片段纳入其中，从而实现预期视频效果的呈现。下面介绍在剪映中替换视频素材的操作方法。

　　在左上角的本地素材区域，选中需要替换的视频，然后用鼠标将该素材拖至被替换视频所在的位置。在正式替换前，系统将弹出替换预览窗口。若替换视频时长较长，系统将自动进行裁剪，确保替换片段与被替换片段的时长一致。若替换视频时长过短，则无法替换，并弹出提示"素材过短，无法替换"。

　　在原视频中如有倒放等特殊效果，勾选左下角的"复用原视频效果"复选框，便可使替换片段继承原片段的视频效果。完成设置后，单击"替换片段"按钮即可实现替换。

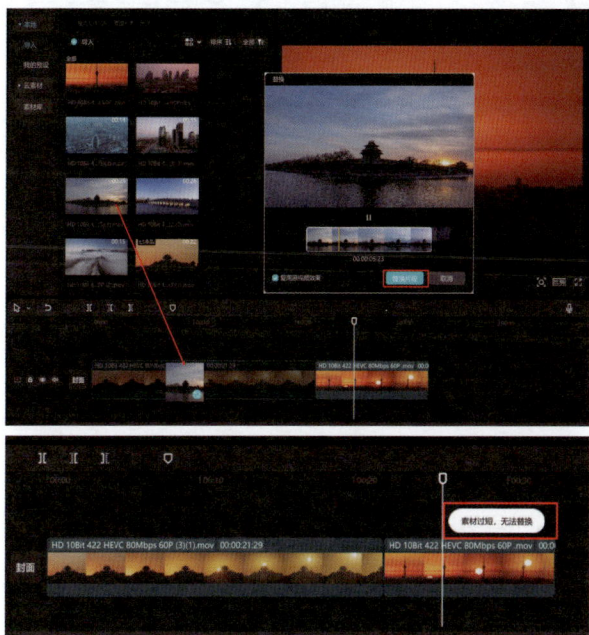

调整视频素材的顺序

在剪映中，为实现对特定素材的优先处理，可将该段素材置于轨道前端。下面介绍在剪映中调整视频素材播放顺序的操作方法。

在当前轨道中存在两段视频素材。选中后方的视频素材，并保持按住鼠标按键不放，将其拖至第一段视频素材之前，随后松开鼠标，即可完成视频素材播放顺序的调整，非常简单、方便。

缩放时间轨道，便于观察和操控

在将视频加载到视频轨道后，如果观察到显示的视频缩略图尺寸偏小，可通过调整时间线缩放滑块来优化观察与编辑体验。在时间线区的右上角，拖动滑块以改变视频轨道在时间线中的显示长度。此外，亦可按住键盘上的 Ctrl 键，然后滚动鼠标滚轮进行缩放操作，以适应不同的编辑需求。这些调整有助于更精确地控制视频编辑流程。

主轨磁吸功能的用法

在时间线区右上角，有一个名为"主轨磁吸"的功能按钮。若将此功能关闭，用户在主视频轨道单击并拖动某段素材时，可将该素材自由定位于任意位置，在此状态下，两段视频素材将无法实现无缝拼接。当启用此功能后，用户在拖动素材并释放鼠标时，第二段视频将被自动吸附至第一段视频后，从而实现两段视频的无缝拼接。此功能在视频编辑中具有较高的实用性，推荐用户开启此功能。因为在关闭状态下，用户在进行视频拼接时可能会遇到难以精确拼接的问题。

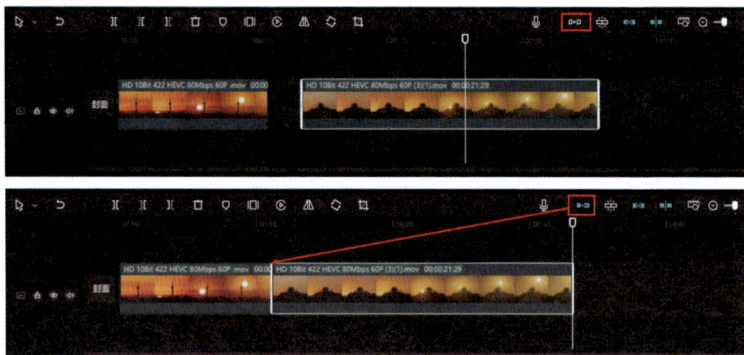

自动吸附功能的用法

　　"自动吸附"是一种与"主轨磁吸"相似的功能，但两者的应用对象有所不同。"主轨磁吸"主要适用于主视频轨道，而"自动吸附"则针对其他轨道，如第二条和第三条视频轨道。当关闭"自动吸附"功能时，在第二条视频轨道中，改变后一段素材的位置，两段素材将无法直接拼接。当开启"自动吸附"功能后，两段素材将自动吸附拼接，从而提高编辑的效率和准确性。

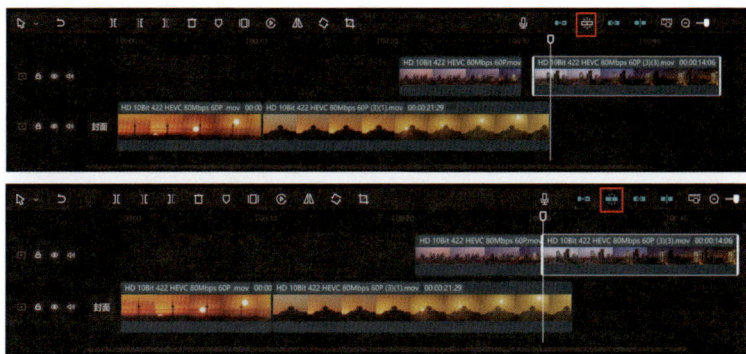

联动功能的用法

　　"联动"功能用于控制视频素材与相应字幕的同步调整。当关闭该功能时，调整视频素材的位置将不会引发字幕轨道的变化。启用"联动"功能后，当用户移动视频素材时，相应的也会同步移动字幕。因此，在编辑那些字幕与视频内容紧密关联的视频时，强烈建议启用此功能。相反，如果处理的视频字幕与视频内容关联度不高，可以选择关闭此功能，以便更灵活地调整轨道位置。

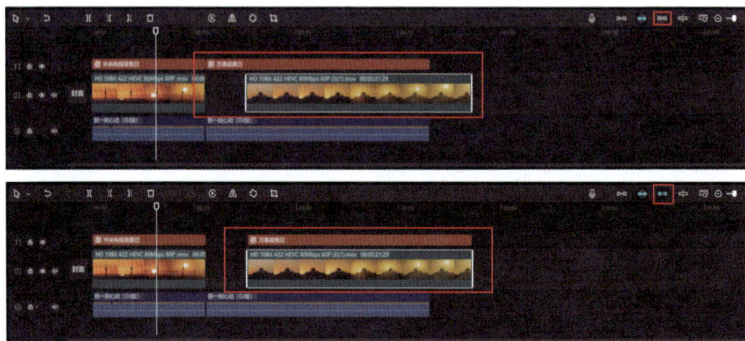

向左删除和向右删除视频

在剪辑视频的过程中，经常需要删除某些片段。传统的方法是分割要删除部分片段视频素材，然后再进行删除，这种操作相对烦琐。然而，借助"向左删除"和"向右删除"功能，可以更加快速和高效地完成任务。

"向左删除"是指删除时间指针左侧的视频内容，"向右删除"则是删除时间指针右侧的视频内容。下面通过一个实例来演示这一功能。对于第二段视频素材，假设想要删除太阳升起后的部分，可以将时间指针定位到太阳即将升起的位置，然后按键盘上的 W 键，这样时间指针右侧的部分将被快速删除。

这一功能也适用于音频轨道。例如，如果想要删除音频轨道右侧的部分，只需选中下方的音频轨道，然后按键盘上的 W 键或单击"向右删除"按钮，音频轨道右侧的部分即被迅速删除。

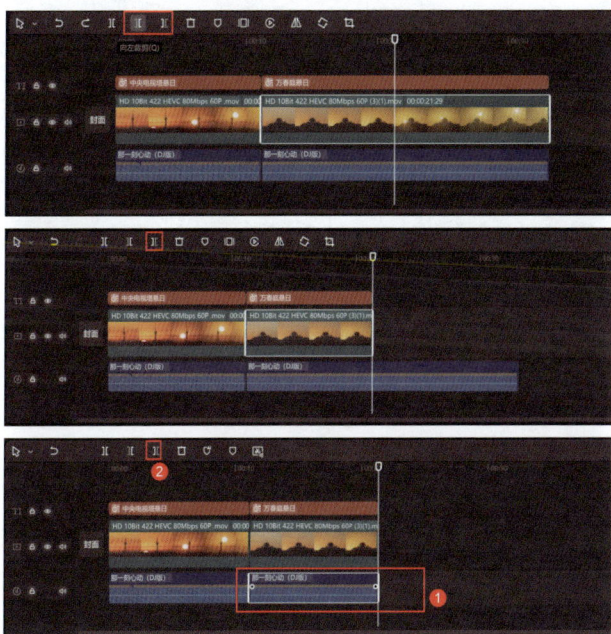

缩放画面，突出画面细节

　　下面视频中的亭子与太阳，因尺寸较小而在画面中显得不够突出。为提升视觉效果，使其更突出，可以对其进行缩放。首先，选中视频轨道；接着在右侧展开"基础"面板，并向右拖动缩放滑块以放大画面；然后使用鼠标单击并拖动视频画面，适当调整显示区域，从而更有效地突出画面主体。

裁剪画面，保留重点画面

　　下面的视频存在主体偏小的问题。为改善此问题，除了可以运用缩放功能，亦可采用裁剪的方法来调整。具体来说，是通过对画面四周空旷区域进行裁切，进一步凸显画面中的核心元素。

　　选中视频素材，在时间线上方的工具栏中选择"裁剪"工具。在"裁剪比例"下拉列表中，选择 16 ∶ 9。接着在视频画面中，拖动裁剪边线，调整保留区域。待确定保留区域后，单击"确定"按钮，即可完成视频裁剪，从而保留关键部分。

旋转画面，校正画面倾斜

若视频中的水平线出现倾斜，用户可通过以下步骤进行校正：选中视频轨道，随后在画面界面中展开"基础"面板，在该面板中，可以通过调整旋转角度来校正画面的水平线。

尽管时间线区上方有一个"旋转"按钮，但通常不建议使用此功能进行角度调整，因为它仅支持 90°的旋转，而大多数视频并不需要如此大幅度的旋转。

设置比例，便于在不同的设备间转换

剪映的比例调整功能使得用户能够灵活切换视频比例，便捷地将横屏视频转换为竖屏视频，从而适应不同设备的发布需求。下面介绍在剪映中设置画面比例的操作方法。

将视频载入视频轨道后，在播放器区的右下角单击"比例"按钮，在弹出的下拉列表中选择"9 ：16（抖音）"选项，可将画布调整为相应的尺寸，视频画面上下会以黑色填充。

设置背景，突出视频内容

　　在调整视频的横竖版时，往往会出现大片黑色背景。用户可利用剪映的背景填充功能，调整背景颜色或更换背景。下面介绍在剪映中设置视频背景的操作方法。

　　将视频素材导入到剪映中，并将它们添加到下方的时间线轨道上。在播放器区右下角单击"比例"按钮，将弹出一个下拉列表。在下拉列表中设置画布比例为"9 ∶ 16（抖音）"。此时，选中视频轨道，在"画面"选项卡的"基础"面板中，勾选"背景填充"复选框，展开下拉列表。选择"模糊"选项后，可选择 4 种不同模糊程度的背景，选择任意一种后可以看到视频上下被模糊的画面填充。此外，还可以在"颜色"选项中，根据需求设置多种颜色的背景以凸显画面；在"样式"选项中，可添加不同风格的视频背景。

设置防抖，提升视频清晰度

在拍摄视频时，若拍摄设备不够稳定，画面容易出现抖动。为解决此问题，可利用剪映软件提供的视频防抖功能来确保视频画面的稳定。下面介绍在剪映中设置视频防抖的操作方法。

将视频素材导入到剪映中，并将它们添加到下方的视频轨道上。选中视频素材，在"画面"选项卡的"基础"面板中，勾选"视频防抖"复选框，以默认的"推荐"防抖等级进行处理，即可获得更平滑的画面效果。

倒放视频，呈现时光回溯效果

　　利用剪映中的倒放功能能够调整视频的播放顺序，使视频呈现出从后往前播放的效果，宛如时光倒流，为视频增添了别样的趣味。下面介绍剪映中的视频倒放功能。

　　打开剪映软件，进入剪辑界面，将视频素材导入到剪映中，并将它们添加到下方的视频轨道，然后直接单击时间线区上方的"倒放"按钮，即可实现倒放效果。

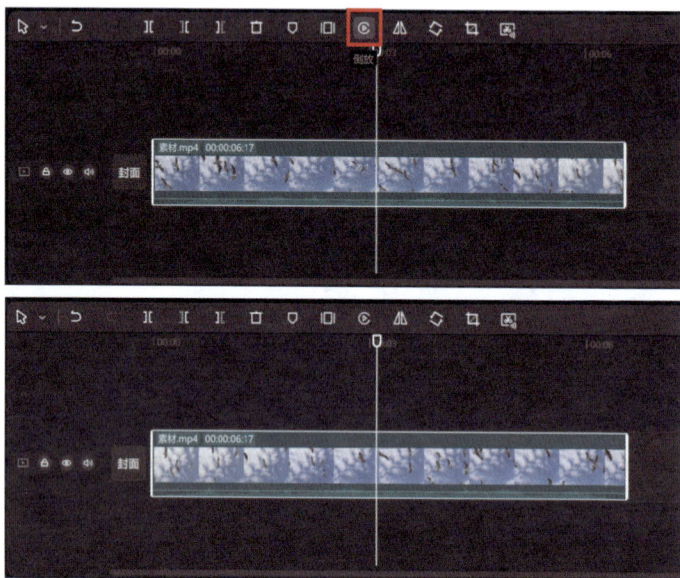

定格画面，记录美好瞬间

定格功能能够将视频画面固定，使视频在一段时间内保持静止，从而凸显特定片段。当需要突出某个画面或模拟摄影效果时，运用定格画面功能便能达到此目的。下面介绍剪映中的定格功能。

进入剪辑界面，载入视频。将时间指针拖至需定格的节点，单击时间线区上方的"定格"按钮，即可实现画面的定格效果，定格时间默认为3s，可根据需求调整。

添加定格的快门声音

　　为了让视频画面中定格的瞬间产生相机拍照的快门声音，可以将时间指针定位到定格画面开始的位置，然后单击"音频"按钮，在"机械"选项卡中选取"拍照声 2"音效素材。将该素材拖到音频轨道上，其开始位置与定格画面开始的位置对齐。这样在播放视频到定格位置时，就会伴随着拍照的快门声音。

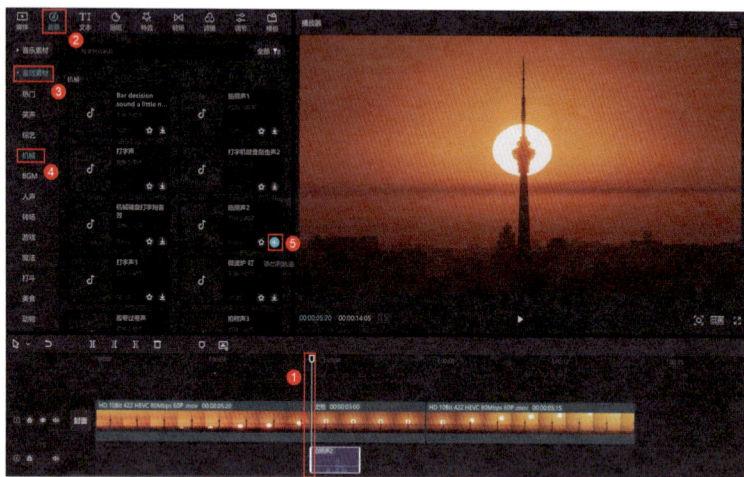

镜像效果，创新趣味玩法

　　剪映的镜像功能能够实现视频画面的镜像调转，即左右颠倒，主要用于打造独特的视频效果。下面介绍剪映软件中的镜像功能。

　　打开剪映软件，将视频素材导入到剪映中，并将它们添加到下方的视频轨道上。选中视频轨道上的视频素材，然后单击时间线面板上的"镜像"按钮，即可实现画面的左右翻转，实现镜像效果。

视频变速，调整视频速度

在剪映软件中，用户能够根据自身需求对视频进行速度调整，实现动作视频的慢速播放。下面介绍在剪映软件中变速处理视频素材的操作方法。

打开剪映软件，进入剪辑界面，将视频素材导入剪映，并将其添加到下方的视频轨道上。在调节区的"变速"选项卡中，在"常规变速"面板中将"倍数"设为 2.0x。

调节后，在视频轨道中可以看到视频素材的播放时长被缩短了，视频轨道上方还显示了变速的倍率。

除此之外，还可以设定"曲线变速"，实现更丰富的变速效果。

磨皮瘦脸，塑造精致的形象

　　使用剪映中的磨皮瘦脸功能能够对人物面部进行优化处理，从而提升其美感。下面介绍剪映中的磨皮瘦脸功能。

　　在"画面"选项卡的"美颜美体"面板中，在"美颜"选项区调节"磨皮"和"美白"滑块，即可让人物皮肤更光滑、白皙。在面板下方还可以找到"美型""手动瘦脸"等功能，使用这些功能可以调整人物的脸型、身材等，让人物整体显得更美。

第 6 章

借助转场，实现镜头的流畅转换

　　转场可以让视频镜头之间的衔接更加顺畅自然，从而优化整体视频的视觉表现，以及给人们的观影感受。本章将介绍常见转场的拍摄技巧，以及在剪映中为添加转场特效的技巧。

什么是视频的转场

　　视频的转场，也称为视频过渡或切换，是指在剪辑视频的过程中，从一个镜头或场景过渡到另一个镜头或场景的技术手段。这种过渡可以使视频内容更加流畅、连贯，并增强观众的观影体验。转场可以分为技巧转场和无技巧转场。

　　技巧转场是指通过改变画面的颜色、亮度、形状等元素，在视觉上做到连贯和流畅，使不同场景之间的过渡更加自然和顺畅，如叠化、百叶窗、旋转闪白、模糊等。此外，还有一些特殊的技巧转场，如多画屏分割转场和字幕转场。多画屏分割转场将屏幕分为多个部分，可以同时展示多个情节，适用于电影开场、广告创意等场合。字幕转场则是通过字幕来交代前一段视频之后要发生的事情，可以清楚地交代时间、地点、背景、故事情节和人物关系等。

　　无技巧转场是指不借助特殊的视觉或听觉特效，而是通过镜头内容的内在关联实现"无缝切换"。这种切换往往需要我们把握不同镜头内在的一些联系，从而让人感受不到镜头过渡的痕迹，让画面变得自然。在专业的影视作品中，无技巧转场更常见。

无技巧转场的常见分类

　　无技巧转场是用镜头自然过渡来连接上下两段内容的，无技巧转换强调的是视觉的连续性。这种转场几乎没有痕迹，过渡非常自然，让视频整体看起来更专业、更有格调，并且非常流畅。常见的无技巧转场主要有以下几大类。

　　（1）特写转场：无论前一组镜头的最后一个镜头是什么，后一组镜头都是从特写开始的。其特点是对局部进行突出强调和放大，展现一种平时在生活中用肉眼看不到的景别。

　　（2）声音转场：是指利用音乐、音响、解说词、对白等元素来与画面进行配合，实现转场。

　　（3）相似性转场：这是一种极具创意的视觉转换，符合观众的视觉、心理习惯，可以使时空转变得流畅、自然，具体分为动作匹配、形状物品匹配和位置匹配等。即让前一个镜头和后一个镜头的动作、色彩、运动趋势等比较相似，直接进行组接转场。

　　（4）遮挡镜头转场：前一个镜头末尾，用手掌或其他元素遮挡镜头，后一个镜头的开始同样用手掌或其他元素遮挡开始。

　　（5）同一主体转场：前后两个场景用同一物体来衔接，让观众通过主体的延续性接受场景转换。

　　（6）出画入画：前一个镜头的主体走出画面，在后一个镜头中，同一主体走入画面，将这两个镜头进行无技巧转场会比较有意思。运用这种技巧时，需要注意确定主体运动方向的一致性，以及剪辑点的准确选择。出画时，不要让被摄主体全部走出画面，而入画时，也不要从空白的镜头开始，而是从进入画面一点点的位置开始，这样才可以确保动作的流畅和自然。

　　（7）主观镜头转场：前一个镜头是人物去看，后一个镜头是人物所看到的场景，具有一定的引导性。

各种门转场的技巧

门往往是封闭的内部空间与外部空间衔接的道具，无论车门还是房门，在内部空间人们会有一些特定的动作，比如穿着打扮、收拾行李等，之后到外部空间，会是另外一种场景。在这两个场景中间可以借助门的开关来进行转场，实现无缝衔接。比如，我们可以在车内收拾打扮，然后推门结束第一个场景，下一个场景以关门的动作作为开启，那么这两个场景的衔接就会非常流畅。下面展示的是人物在车内简单地补妆，然后收拾提包，将提包挂在身上之后推门而出，此时前一个场景结束，而下一个场景则以人物关车门作为开始。

滑动类转场的技巧

　　滑动类转场是指借助人物的手或手中的一些道具，在镜头前滑动，用于衔接前一个场景与后一个场景，营造两个场景无缝衔接的效果。下面的示例中，前一个场景是在商场内，场景临近结束时，人物用手遮住镜头并滑动；而后一个场景是在公园中，以人物的手在镜头前滑动作为开始，从而实现了两个场景的无缝衔接。

　　这里要注意的是滑动类转场，无论是手还是道具，在镜头前的滑动方向最好是一致的，这样衔接的效果会更流畅、更完美。

身体遮挡转场的技巧

　　身体遮挡转场是指前一个场景临近结束时，人物径直走向镜头，将镜头完全遮挡住，画面结束。下一个场景开始时，镜头要对准人物身体并尽量靠近，让人物身体完全遮挡住镜头，然后人物渐渐远离，显示出整个人物及场景。中间转场位置利用前后的遮挡形成一种无缝的衔接效果。在下面的示例中，前一个场景在商场之内，后一个场景在公园中，可以看到两个场景，通过身体遮挡被无缝衔接起来。

甩镜头转场的技巧

　　甩镜头往往是指镜头随着一些运动对象跟随拍摄，造成甩动的效果，比如人物摔出的球体、衣服等。而在转场中，当前一个场景结束时，可以将镜头甩向画外。而在后一个场景开始时，将镜头按照原镜头的甩动方向甩动到将要开始的画面中，最终以前后两个场景甩动的位置进行衔接，从而形成无缝衔接的效果。

　　这里的关键点是两个镜头，或者说两个场景剪辑点的位置，甩动的方向最好是一致的。下面的示例中，其实两个场景的甩动方向是不同的，所以效果不是特别流畅，有卡顿的那种感觉，如果两个镜头甩动的方向是一致的，那么效果会好很多。

地面或楼梯转场的技巧

　　以人物移动的脚步或地面不断延伸的方向作为转场，也可以将两个场景无缝衔接。下面的示例借助人物的脚步实现了无缝转场：在前一个场景中，人物走入画面，然后走上扶梯，在即将停止行走时画面结束；后一个场景画面以人物上楼梯作为开始，随后沿着楼梯往上走。前后两个场景形成持续行走的连贯感，从而实现了无缝衔接的效果。

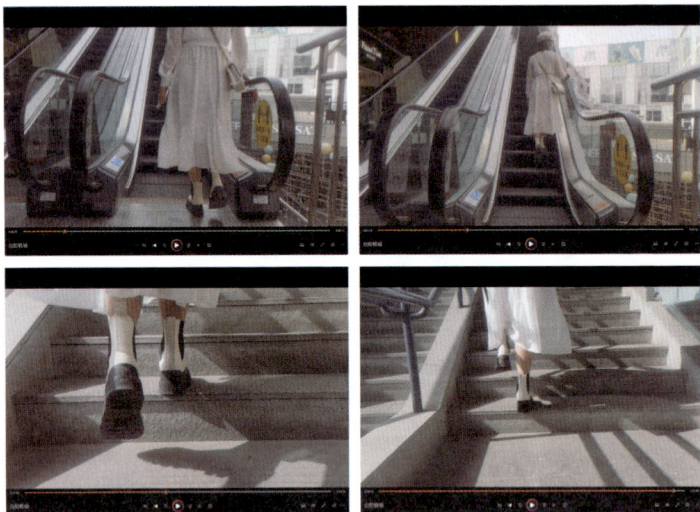

借用跳跃转场的技巧

跳跃转场是指前一个场景临近结束时，人物以一个跳跃结束，在下一个场景开始时，人物以一个跳跃运动开始，之后再转为正常状态，将前后两个镜头的跳跃动作拼接在一起，可以实现从前一个场景跳到后一个场景的无缝效果。

这里需要注意的是，前一个场景临近结束时起跳，不要等待完全落下才结束，而后一个场景开始时，不要从人物开始起跳的位置开始，而是跳起之后即将要落下的时候才开始，这样才能形成从前一个场景跳到后一个场景的转场效果。

借用眼球转场的技巧

眼球转场是一种主观镜头的应用。前一个场景，镜头不断靠近人物眼睛，仿佛拍到的是人物眼球当中看到的后一个场景，从而实现无缝转场效果。在下面的示例中，可以看到镜头不断靠近人物的眼睛，直至场景结束，然后直接开始下一个场景，这样仿佛后一个场景是前一个场景人眼看到的效果。

遮挡物遮挡转场的技巧

　　前面介绍过，利用被拍摄的人物自身来遮挡进行转场。实际上，还可以借助一些树木、大的立柱、墙体等来进行遮挡。在前一个场景结束时，人物走过墙体、立柱或树木，画面结束；后一个场景开始时，人物从遮挡物后走出来，这两个场景就可以实现借助遮挡物进行转场。

　　下面的示例中，前一个场景人物在商场内，画面结束时走过立柱；后一个场景开始时，人物从大树后方走出来，从而营造出了一种仿佛从商场直接走到公园中的效果。

用手遮挡转场的技巧

　　前面介绍过，用手在镜头前滑动进行两个场景的无缝转场。实际上，如果手部不滑动，只是用手遮挡镜头，可以得到类似于用人体遮挡实现无缝转场的效果。操作起来非常简单，在前一个镜头的结尾处，人物用手挡住镜头，而后一个场景的开始，人物用手挡住镜头，之后收回，从而开始下一个场景的画面，最终实现两个场景的无缝转场。

坐下—站起转场的技巧

借助人物"坐下"与"站起"两个动作的衔接也可以实现无缝转场。具体而言，若前一个场景结束时人物有坐下的动作，而后一个场景以人物由坐下状态站起作为开始，那么这两个场景即可实现无缝衔接。

从下面的示例中可以看到：前一个场景结束时人物坐下；后一个场景开始时人物站起，随后在公园中走动。这里无缝转场的关键在于剪辑点的选择，前一个场景结束于人物坐下的动作彻底完成时，后一个场景从人物即将站起的时刻切入。若后一个场景开始后，人物保持坐姿的时间过长，转场效果会明显变差。

在剪映中添加转场的方法

　　打开剪映软件，进入剪辑界面，单击界面左上角的"导入"按钮，将素材导入下方的视频轨道上。

　　将时间指针移至两段素材的中间位置，然后单击"转场"按钮，在"转场效果"面板中有各种各样的转场效果，选择其中的一种转场，将该转场拖到两段素材中间。接下来还可以在右侧的参数面板中调整转场的时长。之后播放视频，即可看到转场的效果。

删除转场的方法

添加转场后，两段素材中间会出现转场标记。想要删除转场，先选中转场标记，然后单击时间线区的"删除"按钮即可删除转场。当然，也可以在转场图标上单击鼠标右键，然后根据界面中的提示按键盘上的 Backspace 键或 Delete 键来删除转场。

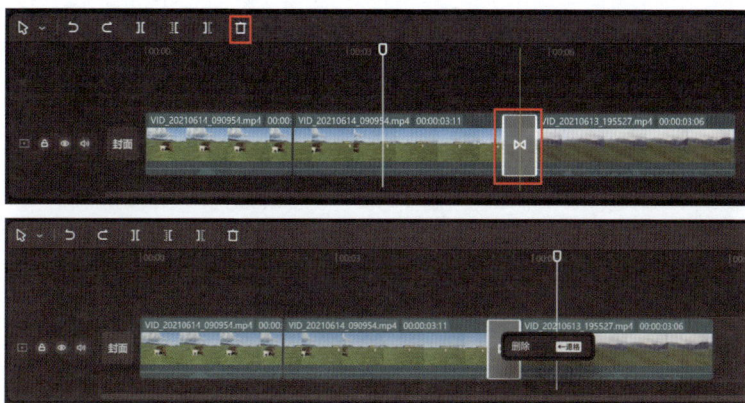

叠化转场的特点

　　叠化转场是指通过前一个镜头渐渐淡出，同时后一个镜头渐渐淡入的方式，实现两个镜头之间的平滑过渡。这种过渡方式可以让观众在看到转场时不会感到突兀，从而更加自然地接受新的画面。

　　叠化转场还可以用于表达特定的情感。例如，在表现人物的情绪变化或者时间流逝等场景中，叠化转场可以带给观众强烈的时间流逝感或者人物情绪的转变。在使用叠化转场时，可以根据需要进行快速或者慢速叠化，从而适应不同的场景需求。例如，快速叠化可以迅速将观众带入下一个场景，而慢速叠化则可以带给观众更多思考和感受的空间。

　　当镜头质量不佳，或者两段素材出现不匹配的情况时，叠化转场可以通过其平滑过渡的特点来掩盖这些缺陷，使观众更加专注于故事本身。

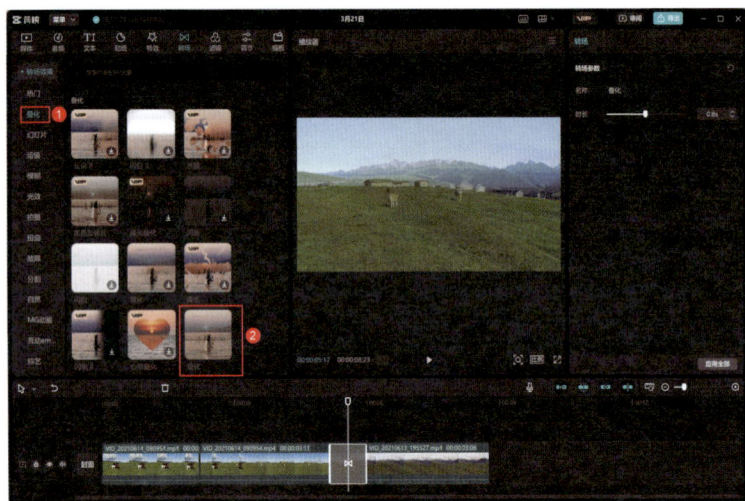

模糊转场的特点

　　模糊转场是指在两个剪辑片段之间添加一个模糊特效，从而使画面过渡更加自然的转场效果。这种转场效果特别适用于运动场景，因为它可以在不同镜头或场景之间创造一种流畅、连贯的视觉效果，减少切换时的突兀感。通过这种方式，模糊转场能够增强观众对视频的整体感受，使视频更加吸引人。

　　注意，模糊转场的使用应视具体情况而定，过度或不恰当地使用可能会影响视频的观看体验。因此，在使用模糊转场时，需要根据视频的内容和风格进行权衡和选择。

立方体转场的特点

　　立方体转场是指使用立方体这种几何形状来实现画面之间过渡的转场效果。这种转场效果可以使视频更具动感和视觉冲击力，为观众带来更加丰富的视觉体验。

　　应用在立方体转场后，画面通常会以立方体的形式进行翻转、旋转或移动，从而实现从一个场景到另一个场景的平滑过渡。这种转场效果可以创造出一种三维空间感，使得视频更具立体感和层次感。

　　除了视觉上的特点，立方体转场还具有一些技术上的优势。例如，它可以轻松地处理不同分辨率和帧率的视频素材，使得转场效果更加自然、流畅。此外，立方体转场还可以与其他视频特效和音频效果进行配合使用，从而增强视频的整体表现力和感染力。

震动转场的特点

　　震动转场能够在转场瞬间产生强烈的视觉冲击力，这种冲击力能够吸引观众的注意力，并且能够让视频更加生动有趣。

　　需要注意的是，震动转场的使用应该根据具体的视频内容和风格来决定，不能滥用。如果过度使用或不恰当地使用震动转场，可能会让观众感到头晕或不适，甚至影响视频的观感和传达效果。因此，在使用震动转场时，需要掌握好度，恰当地运用这种技巧来增强视频的吸引力和提升观看体验。

百叶窗转场的特点

　　百叶窗转场是指在两个不同视频片段之间使用一种类似于百叶窗打开或关闭的视觉效果来过渡的转场，使得两个场景之间的过渡更加自然和流畅。这种视觉效果既独特又吸引人，能够提升观众的观看体验。

　　百叶窗转场适用于多种视频风格和场景。无论是电影、电视剧、广告还是短视频，都可以通过百叶窗转场来实现场景的过渡和转换。同时，根据不同的需求和创意，我们还可以在剪映中对百叶窗转场进行时长的设置。

闪白转场的特点

闪白转场是指在切换视频镜头时，画面会突然变白，然后进入下一个镜头场景。这种视觉效果可以吸引观众的注意力，让他们在短时间内集中精神观看。

闪白转场具有快速、简单、流畅的特点，可以有效地传达剪辑的节奏感，使故事情节更加连贯。闪白转场不仅可以用于连接两个不同的场景，还可以用于突出某个重要的动作或情节。

需要注意的是，应用闪白转场需要有良好的剪辑技巧和时间掌控能力，因为一旦操作不当，可能会造成视觉上的混乱，影响观众的观感。

第 7 章
关键帧动画的制作技巧

　　在剪映中，用户利用关键帧可以制作出各种复杂的动画效果，进而赋予视频更为生动、流畅的特性，提高视频的观赏性和质量。本章介绍如何制作关键帧动画。

什么是关键帧

　　在剪映中，关键帧是指在剪辑视频的过程中，为了控制动画、色调等效果而设置的重要帧。关键帧包含视频剪辑中某个特定时间点的所有参数信息，如位置、大小、旋转角度、不透明度等。通过设置关键帧，用户可以在剪辑视频时制作平滑的动画、转场等效果，使视频更加生动、有趣。

　　例如，在实际应用中，在视频开始的位置设置一个关键帧，然后在视频中间设置一个关键帧，并在中间的关键帧位置对画面进行调色或制作特效；之后播放视频，视频最开始的画面没有任何效果，然后逐渐变化到调色后的画面，中间的色调过渡平滑。

　　由此可知，关键帧总是成对出现的，这样才能演示出两个关键帧之间的变化效果。

添加与删除关键帧

　　打开剪映，进入剪辑界面，单击界面左上角的"导入"按钮，将视频素材导入到剪映中，并将它们添加到下方的视频轨道上。

　　在视频轨道上选择视频素材，在"画面"选项卡的"基础"面板中，单击不透明度右侧的菱形图标，也就是关键帧按钮，即可在时间指针所在的位置添加一个关键帧。此时在视频轨道中也会有相应的标记。

　　如果想删除关键帧，在视频轨道中选中关键帧标记，按键盘上的 Delete 键即可。

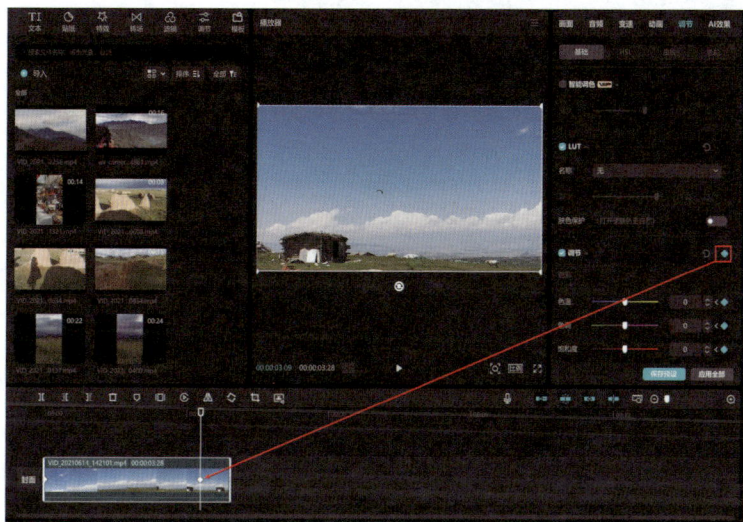

制作文字放大效果

通过运用剪映的关键帧功能，能够为视频制作出丰富多彩的动画效果，这些效果既可以体现在视频画面的变化上，也可以呈现在字幕信息的动态呈现上。接下来探索如何利用关键帧来制作文字的动画效果。首先，需要在视频中创建一条字幕轨道，并设定字幕内容为"影像北京"。然后在字幕开始与结束的位置分别设置关键帧。接下来将时间指针置于第一个关键帧，并调整文字的大小。随后，将时间指针移至第二个关键帧的位置，并再次调整文字大小。这样，在播放视频时，文字将从第一个关键帧逐渐放大至第二个关键帧，实现了文字的放大效果。当然，也可以利用类似的方式制作出文字缩小等其他动画效果。

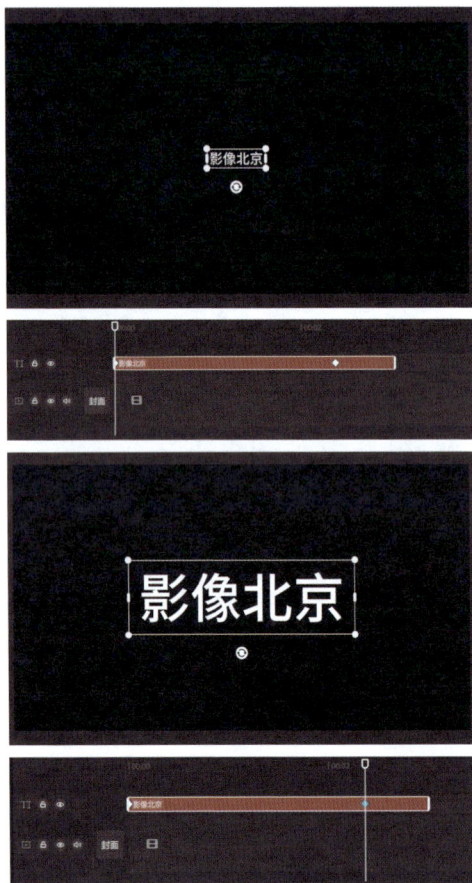

136

制作文字移动效果

接下来探讨如何制作文字移动效果。实际上，一旦了解了文字变化与关键帧之间的关系，实现这种移动效果就会变得相对简单。首先创建两个关键帧。在第一个关键帧的位置添加文字，并将其拖至视频画面的左下角。随后，将时间指针定位到第二个关键帧的位置，并在视频画面中拖动以改变文字的位置。这样，在两个关键帧之间，文字就实现了位置的移动。需要特别注意的是，若希望文字在同一水平线上移动，那么第一个关键帧和第二个关键帧在 Y 轴上的位置应保持一致，以确保文字实现水平移动。

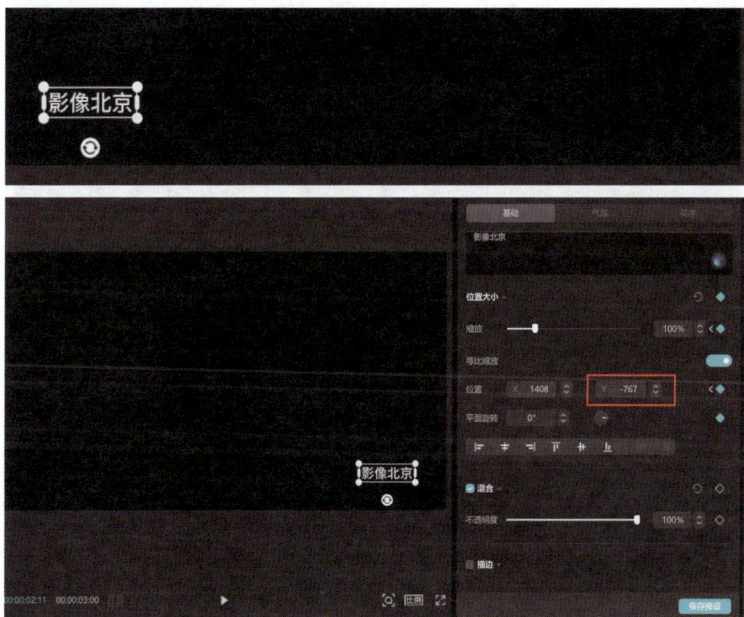

制作文字旋转效果

　　为了制作文字的旋转效果，首先需要创建字幕轨道。接下来在轨道上设置两个关键帧。在第一个关键帧处，将文字的平面旋转角度设定为 0°。然后将时间指针移动到第二个关键帧的位置，并将文字的平面旋转角度调整为一个较大的值，例如 319°。通过这种方式就能够成功制作出文字旋转的效果。

制作画面变色效果

　　运用关键帧技术，不仅能够实现文字动画效果，还能够对视频画面进行效果变换。比如，在视频轨道上设置两个关键帧，随后将时间指针移动至第二个关键帧的位置，并对视频画面进行色彩调整。当播放视频从第一个关键帧过渡到第二个关键帧时，画面将展现出渐变的变色效果。这一技术为视频制作提供了更多的创意与可能性。

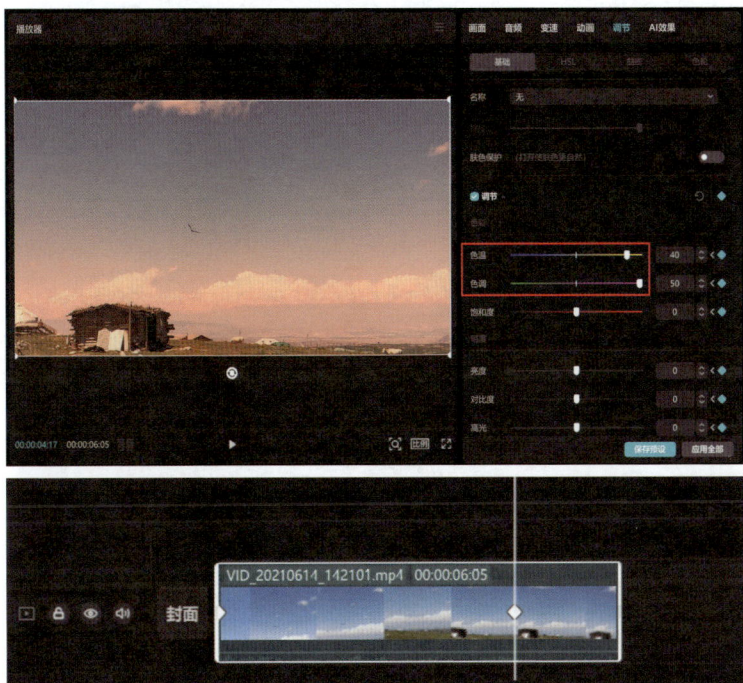

制作烟花绽放效果

利用关键帧，可以精细地调整视频特效，进而创造出更加动态且引人入胜的画面效果。比如，视频画面增添某种特效，并通过调控其不透明度，使特效从完全透明逐渐变得清晰可见。接下来具体探讨如何为视频画面制作烟花绽放的视觉效果。首先，打开视频，随后展开"特效"面板，选择"氛围"类别中的"烟花"特效。将"烟花"特效拖至画中画轨道，并调整其时长，以与视频长度相匹配。接着在特效轨道的起始位置设置一个关键帧，并将该关键帧的特效不透明度设置为 0。然后将时间指针拖至特效轨道即将结束的位置，并将不透明度调整至 100。此时，剪映将自动在时间指针所在位置创建另一个关键帧。通过这样的设置，即成功实现了两个关键帧之间烟花从无到有、逐渐清晰的绽放过程。

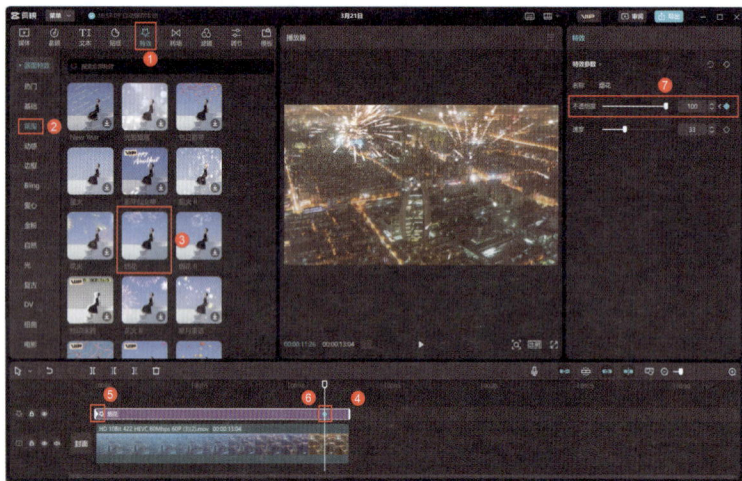

片尾制作团队字幕

　　下面详细介绍如何制作视频片尾字幕逐渐出现的效果。首先在视频编辑软件中创建一条字幕轨道，并输入所需的字幕内容。随后，选中字幕，并调整其位置，确保其初始状态位于视频画面之外。同时，也需要适当调整字幕的大小。接下来将时间线定位到第二个关键帧位置，并再次选中字幕内容，将其拖至画面内部。通过这种方式在两个关键帧之间，制作字幕从画面外部逐渐滑入的效果，类似于影视剧片尾字幕自下而上出现的效果。这种制作方式既严谨又稳重，符合官方和理性的要求，能够为视频增色不少。

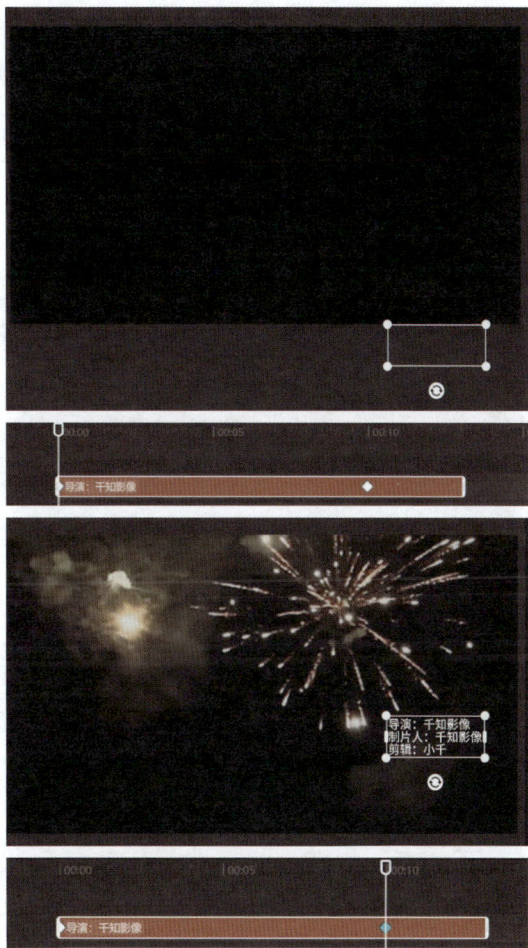

第 8 章

蒙版合成、抠像与混合模式

蒙版、抠像及混合模式是剪映中非常好用的功能，熟练掌握这些功能的使用方法，有助于大家制作出创意十足的短视频画面。

认识剪映中的蒙版

　　蒙版是剪映中非常实用的一个工具，它可以帮助用户对视频或图片进行局部遮罩，以实现多种视觉效果。具体来说，蒙版功能可以用于突出重点、隐藏某些区域或实现特殊的视觉效果，最终帮助用户制作出更加专业和有趣的视觉效果。灵活地运用蒙版功能，可以让自己的视频更加生动、有趣和引人注目。

　　下面的示例以心形蒙版制作出了局部清晰的视频画面。

制作画中画轨道

　　我们在看电视时，经常会看到画面上同时出现一个小窗口播放另一段视频的情况，这便是所谓的画中画效果。在剪映这款视频编辑软件中，用户可以利用不同的视频轨道来制作这种效果。在剪映手机版中，用户可以直接点击"画中画"按钮来创建画中画视频轨道。剪映专业版虽然取消了画中画功能按钮，但用户依然可以通过复制视频轨道的方式来创建画中画轨道。操作相当简单，只需打开一段视频，按住键盘上的 Alt 键，同时单击并向上拖动已载入的主视频轨道，即可复制出一条新的视频轨道，可以称之为第二视频轨道或画中画轨道。此外，用户还可以通过在主视频轨道上单击鼠标右键，在弹出的快捷菜单中选择"复制"命令，同样可以创建画中画轨道。

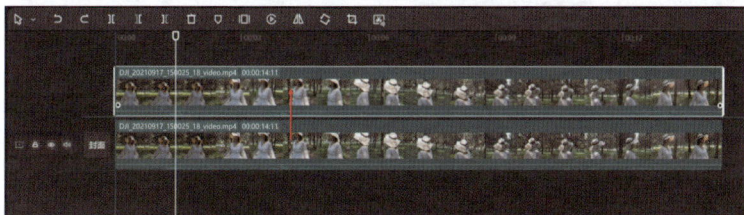

用模糊的视频覆盖清晰的视频

　　前面展示过一种心形的蒙版效果，即在心形图案中清晰地呈现人物。这种方法的实现依赖于两条视频轨道。首先，在主视频轨道上加载一段视频素材。接着复制这段视频到第二条轨道，即画中画轨道。然后创建一个模糊特效，并将其应用于调节轨道。这样，通过调整上方的模糊轨道，使整个画面将被模糊处理。最后，只需将调节轨道右侧的拉杆拖动至与视频轨道相同的长度，即可完成视频模糊效果的制作。

创建复合片段留待后用

为了后续实现不同的视觉效果，可以制作视频模糊效果。目前，视频轨道上的两段视频均处于清晰的状态，仅通过上方的模糊调节轨道达到模糊效果。为更好地实现局部控制效果，可将上方的模糊轨道与画中画轨道结合，创建复合片段。具体操作是同时选中这两个轨道，单击鼠标右键，在弹出的快捷菜单中选择"新建复合片段"命令，从而将两个轨道合并为一个复合片段轨道。之后，就可在此复合片段轨道上添加蒙版，制作出局部清晰、局部模糊的视频效果。

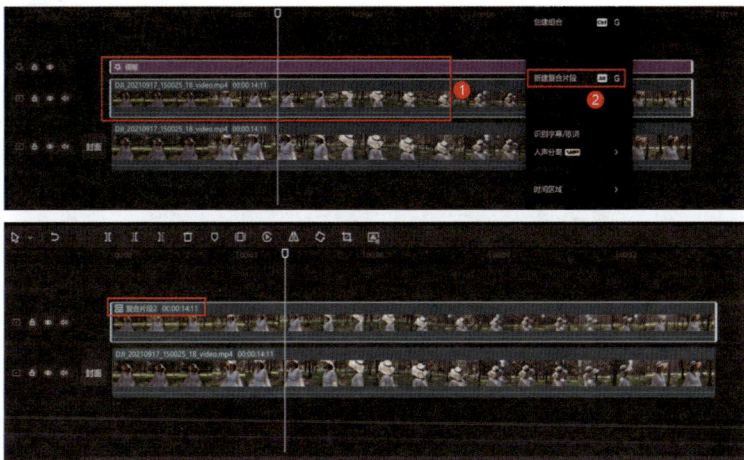

使用蒙版遮盖视频水印

在制作视频的过程中，如果画面中存在水印，可能会对整体视觉效果产生干扰。为了消除这种干扰，可以采用模糊处理的方式遮挡水印。这种处理方式类似于在视频中给局部画面打码的效果。

首先，将视频加载到主视频轨道上。接着创建一个画中画轨道，并在其上方创建一个模糊轨道。然后将上方的模糊轨道与画中画轨道合并成一个复合片段。完成上述步骤后，展开"画面"面板，并选择"蒙版"选项卡。在这里，选择"矩形蒙版"。此时，画面中会出现一个矩形的模糊区域。

接下来，使用鼠标拖动模糊区域，使其覆盖住水印。然后按住模糊区域的边线，调整其大小，确保它完全覆盖住水印。这样，就成功地遮挡住了视频中的水印，从而提升了视频的视觉效果。

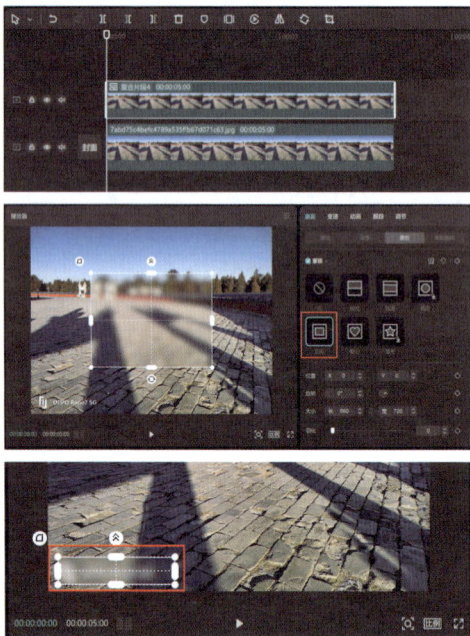

使用蒙版进行视频合成

在剪映中，用户可以利用蒙版技术，对视频画面进行精细的合成操作。下面以一个具体的实例来说明这一过程。在主视频轨道上，可以观察到其中一段素材的天空部分缺乏云层，显得较为单调。为了增强视觉效果，可以在画中画轨道上加载一段含有云彩的天空素材。接着在"蒙版"选项卡中选择"线性蒙版"，并通过鼠标拖动画面中的白色线条（即蒙版线）来调整其位置。这样，含有云彩的天空将逐渐覆盖原本单调的天空部分。此外，通过单击白线上方的双向箭头并拖动，还可以调整羽化程度，以控制蒙版与未添加蒙版区域之间的平滑过渡，从而实现无痕的合成效果。最终，经过这样的处理，视频画面的水面和天空云层都将呈现出更加丰富和生动的变化。

使用智能抠像，更换人物背景

通过剪映的抠像功能，用户可以轻松地从照片中提取人物，并将其融入另一段更精彩的视频素材中。操作过程简单、易懂。首先，选择一段精彩但无人物的视频素材作为背景。接着在画中画轨道中导入含有人物的视频素材。然后选中上方的画中画素材，展开"抠像"选项卡，并选择"无效果"选项，即可将人物从原视频中抠取出来。考虑到两段视频素材合成的透视效果和人物位置等因素，可以拖动抠取的人物，将其放置到合适的位置。同时，还可以通过拖动边线来调整人物的大小，以达到最佳的画面效果。

色调抠图的使用技巧

　　若画面中有人物形象，可直接运用智能抠像快速抠取人物。如果要抠取的不是人物，而是其他主体，就需要使用其他功能。比如，可借助色度抠图等手段，精确排除大面积的纯色区域。以当前展示的素材为例，画面中这座建筑的背景天空呈蓝色，此时利用色度抠图功能可将天空部分排除。

　　在"抠像"选项卡中勾选"色度抠图"复选框，随后单击吸管工具按钮。接着将鼠标指针移至素材画面的蓝色天空区域并单击，此时与单击位置相近的蓝色区域将被抠取。最终画面中仅保留了用户希望突出的主体对象。

　　若对抠取效果感到不满意，可通过调整下方的"强度"和"阴影"参数来优化抠图效果。对本画面而言，即便进行了"强度"和"阴影"调整，抠图效果仍不尽如人意。墙体边缘仍残留部分偏白的蓝色天空，且建筑左上角的部分建筑像素也被误抠。

　　实际上，"色度抠图"功能更适用于绿布场景拍摄的画面，因为绿布背景相对纯净，易于排除。因此，日常在非绿布场景拍摄短视频时，使用色度抠图可能难以达到理想的效果。

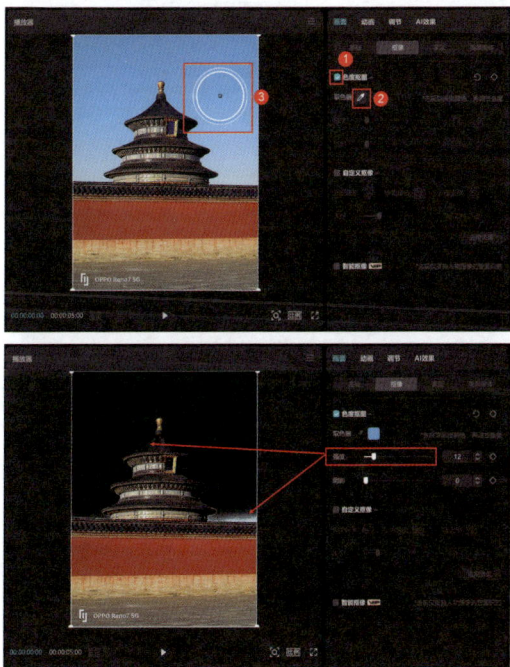

强大的自定义抠像

接下来探讨自定义抠像的使用技巧。首先，使用之前使用的视频素材，并展开"抠像"选项卡。在此选项卡中勾选"自定义抠像"复选框。随后，单击画笔工具按钮，并将鼠标指针移动至视频画面内。在希望保留的位置按住鼠标并拖动，剪映将自动识别并保留所选的主体。完成上述操作后，单击"应用效果"按钮，可以看到抠图效果相当理想，蓝色天空部分已被成功排除，相较于色度抠图，其效果更佳。自定义抠像比较强大，在日常的短视频剪辑过程中，大家应多加尝试并利用这一功能。

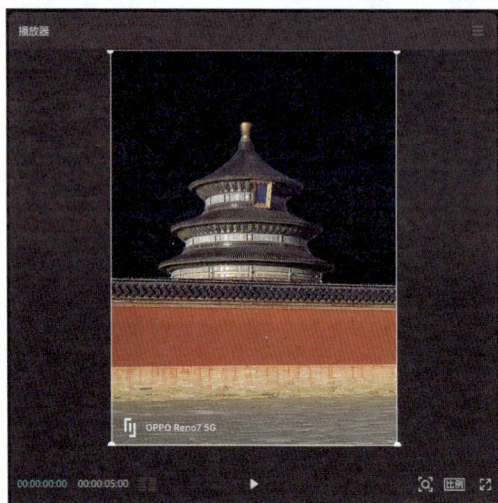

混合模式及其分类

　　混合模式是一种图层处理技术，通过将两个或多个图层相结合，制作出多样的视觉效果。利用该工能调整图像的亮度、对比度、颜色和不透明度等属性，可以为图像赋予独特的视觉风格。混合模式主要用于图层与底层图层的混合处理，以实现各种不同的艺术效果。此外，混合模式还有助于提高图层间的色彩融合度，使图像更具生动感和趣味性。

　　在剪映专业版中，除正常的混合模式外，另设有 10 种特殊的混合模式，可归纳为 3 类：减亮、减暗及对比。减亮组旨在消除图像亮部，仅保留暗部，包括变暗、正片叠底、颜色加深及线性加深模式；减暗组则侧重消除图像暗部，仅保留亮部，包括滤色、变亮及颜色减淡模式；对比组则将上下两层图片叠加，消除中间灰色调，使暗部更深，亮部更亮，包括强光、叠加及柔光模式。

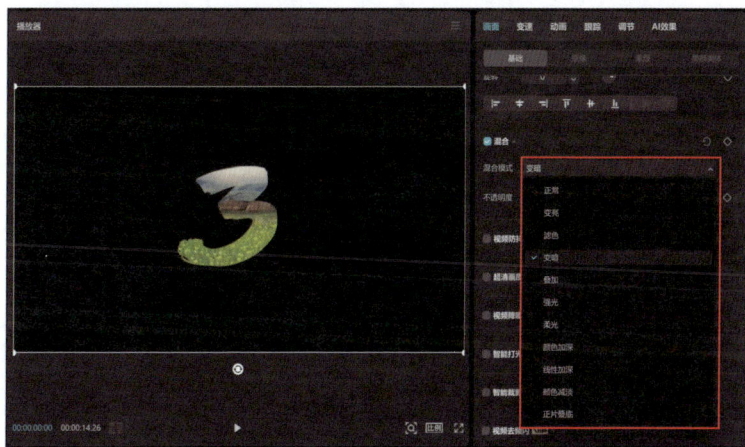

镂空文字开场，增强视频的创意性

　　下面详细介绍制作镂空文字效果的方法。首先，将一段视频素材导入主视频轨道。随后，在展开的素材库上方的搜索框中输入"文字"，下方将展示大量与文字相关的素材和图片。单击并选中某个素材，将其拖入画中画轨道。接着单击画中画轨道右侧的白色拉杆，以调整素材的长度，确保其与主视频轨道对齐。

　　此时，在右侧的"基础"面板中，勾选"混合"复选框。在"混合模式"下拉列表中选择"变暗"选项，即可实现镂空文字效果。为何选择"变暗"模式呢？这是因为"变暗"模式能够保留视频叠加效果中的暗背景，而亮背景则不会被保留。在此例中，我们选择的素材是一个整体黑色的图片，属于暗背景，因此会被保留下来。而"加油少年"这四个字则是白色的，由于选择了"变暗"模式，白色部分将不会被保留，从而显示出下方的视频画面。

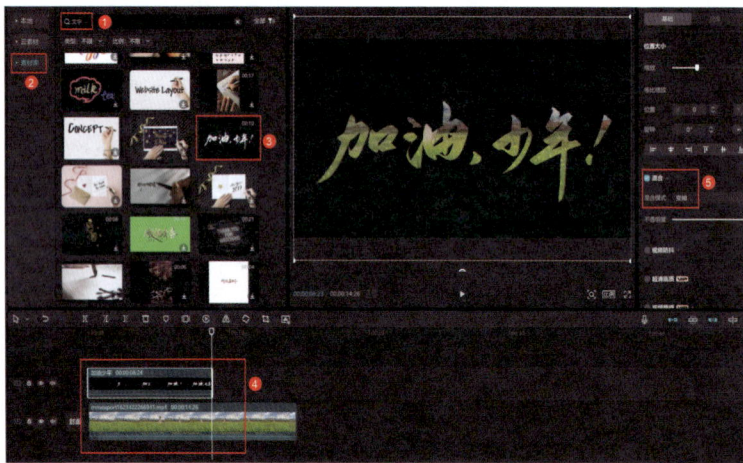

倒计时开场，营造紧张氛围

为了营造出紧张的氛围并吸引观众的注意力，可以制作一个倒计时开场效果。首先，打开视频素材库，并在搜索框中输入"倒计时"，可以看到有大量可用的倒计时效果。接下来从左下角选择一个合适的素材，并将其拖入画中画轨道。在勾选"混合"复选框后，选择"变亮"混合模式。之所以选择"变亮"模式，是因为在此模式下，视频素材滤镜库中的黑背景将不会被保留，而白色部分则会被保留下来。这样，黑色文字和背景将被排除，从而露出下方的视频画面，并呈现出所需的倒计时效果。

第 9 章

短视频调色基础与剪映调色实战

调色是短视频后期处理的重点，也是难点。本章介绍短视频调色的目的、原理等基础知识，以及使用剪映进行调色的实用技巧。

为什么要给短视频调色

　　短视频调色是指对短视频的色彩和氛围进行调整，以实现特定的艺术效果和视觉表达。一般来说，通过调整亮度、对比度和色彩饱和度等参数，可以使短视频更加生动和吸引人。

　　色彩和色调在传达情感和营造氛围方面扮演着重要角色。用户通过调整色调、色温等参数，可以为短视频营造出温暖、冷酷、浪漫、恐怖等不同的情感氛围，帮助观众更好地理解故事和角色。

调色要调什么

　　短视频调色并非仅限于对色彩进行调整，实际上，它涵盖了多个方面，如画面色彩纯度的调整、明暗对比度的调节、反差的优化，以及最亮和最暗部分细节的微调。此外，还包括对整体画面清晰度的精细调整。因此，给短视频调色是一项极其复杂且精细的编辑过程。

　　在剪映中，可以利用亮度、对比度、高光、阴影、白色、黑色及光感等参数，对画面的明暗层次进行优化。随后，通过运用各种色轮工具，对画面的局部进行色彩渲染，或者对特定色系进行调整，以达到调色的目的。通过这些步骤，可以使画面整体的影调和色调达到理想的效果。

一级调色与二级调色

　　短视频后期调色包含两个核心环节。首要环节是一级调色，它着重于优化画面的敏感层次，确定整体的主色调，并协调特定色彩。这个过程旨在调整画面的整体色调与影调，使之更加和谐统一。随后，可以借助特定工具，对画面的局部色彩进行微调，即二级调色。通过这两个环节的精细调整，最终实现画面色调与影调的完美呈现。

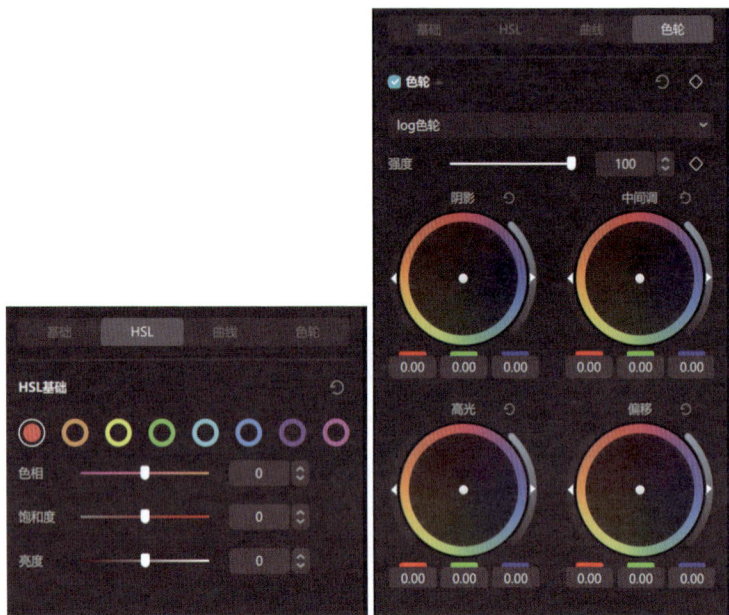

认识剪映的专业级调色功能

　　剪映的调色功能主要位于"调节"面板内。用户选中视频轨道后,可在画面右上角展开"调节"面板,其中包含"基础""HSL""曲线""色轮"4 个选项卡。在"基础"选项卡中,用户可以调整画面的影调层次和白平衡,以实现特定的光影效果和整体色调基调。HSL 选项卡中的参数则用于协调特定的色彩。"曲线"选项卡中的参数用于改变画面的明暗及色彩反差。"色轮"选项卡中的参数用于对画面的亮部、暗部、中间调等进行明暗调整及色彩渲染。

　　总体来说,剪映的调色功能正逐渐从入门级向专业级过渡。尽管在某些方面,如画面局部的限定上仍有待提升,但对大多数初学者而言,当前的调色功能已可以满足需求。

一定要借助"调节"层调色

在对短视频进行调色的过程中，为了确保原始视频的完整性和可编辑性，不建议直接对视频轨道进行明暗和色彩调整。这种做法往往会导致不可逆的更改。因此，包括剪映在内的多数视频编辑软件，都建议用户在调色时创建一条专门的调整轨道。这样，所有的调色操作都会在调整轨道上进行，既可实现预期的调色效果，又不会对原始视频产生不可逆的影响。

在剪映中，可以通过"调节"功能来实现调色效果。具体操作步骤如下：首先，在剪映左上角展开剪映调节界面。然后，在调节界面中，将"自定义调节"拖入时间线的画中画轨道，并确保这条调整轨道的长度与视频轨道相匹配。最后，选中这个调节轨道，后续所有的调色操作都将在这一轨道上进行。这样，用户可以在不影响原始视频的前提下，自由地调整画面的明暗和色彩。

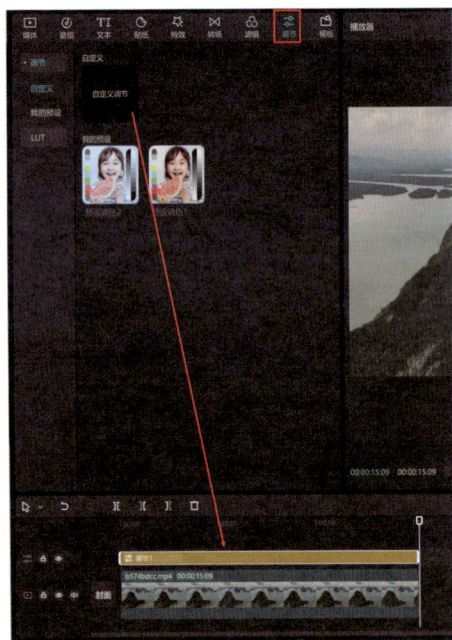

亮度，确定短视频整体明暗

　　在对短视频进行调色时，必须遵循一定的步骤。正如之前所述，首要任务是调整视频画面的明暗影调层次。启动剪映后，载入视频素材，并创建相应的调节轨道。随后，展开右侧的"调节"面板，选择"基础"选项卡。在此界面中，首先调整亮度。若画面显得过于暗淡，应适当提升亮度；反之，若画面过于明亮，则应适度降低亮度。当前处理的视频片段亮度偏低，因此需要适当提高亮度。

　　对亮度的调整，实际上是确定视频明暗基调的过程。完成这一调整后，便基本确定该短视频的整体明暗基调。

对比度，调整短视频反差与通透度

在完成短视频的明暗调整后，可以进一步调整对比度。对比度能够强化画面的反差效果，使亮部更明亮，暗部更深沉。这种反差的增强有助于提升短视频的通透感，改善原始视频中可能存在的灰蒙蒙、不通透的问题。

然而，值得注意的是，在处理某些逆光场景拍摄的视频时，过大的反差可能导致暗部细节丢失，最亮部分也可能失去层次细节。因此，在调整对比度时，需要根据具体情况审慎判断，适当降低对比度，以确保短视频的整体质量和观感。

高光与阴影，调整亮部与暗部层次细节

　　继续使用前面的示例，经过对短视频亮度和对比度的精细调整，实现了短视频通透的显著提升。然而，当前短视频中仍存在一些问题。视频左上角亮度过高的部分，虽未达到刺眼的白度，但已使视觉难以辨识其中的层次细节。同时，下方山体背光区域同样存在层次细节模糊的问题。为解决这些问题，可以调整"高光"和"阴影"两个关键参数。"高光"参数主要用于增强画面亮部的层次细节，而"阴影"参数则用于增强暗部的层次细节。针对当前短视频，应适当降低"高光"值，使最亮部分略显暗淡，同时适当提升"阴影"值，让暗部略显明亮。通过这样的调整，亮部和暗部的层次细节将变得更加丰富，从而提升了整体视觉效果。

白色与黑色，调整短视频的通透度

对于高光与阴影的调整，与对比度的调整在效果上存在一定的冲突。通过提高对比度，画面能够呈现出更为清晰透明的视觉效果。然而，当对高光与阴影进行优化后，画面可能会在一定程度上失去这种通透性。为了解决这一问题，我们可以运用"白色"与"黑色"这两个关键参数来调整画面的通透度。具体而言，通过将短视频中最亮的像素调整至纯白状态，同时将最暗的像素调整至纯黑状态，可以有效提升画面的通透度。在此过程中，需要注意的是，不应过度增加纯白和纯黑的像素数量，而是确保最亮的像素恰好达到纯白状态，最暗的像素恰好达到纯黑状态。这样，可以在保持画面细节的同时，提升短视频画面的通透度。

166

光感，改善画面的光照感

　　光感指的是短视频画面所呈现的光照感觉，它能够增强太阳照射的视觉效果。考虑到当前画面的场景湿度较高，太阳光照的感觉并不明显，因此我们需要适度增加光感以改善视觉效果。通常情况下，为增强短视频的观感，会适当增加画面的光感。然而，在夜景或夜晚拍摄的场景中，则需要降低光感。

锐化与清晰，调整画面的锐利程度

　　下面介绍两个重要的参数：锐化与清晰，这两个参数共同影响画面的清晰度。提高锐化程度能够强化像素间的明暗和色彩差异，使画面更清晰。而提高清晰度则侧重于强化景物轮廓的清晰度，其调整幅度相对较大，能够使景物边缘轮廓变得更鲜明。

　　需要注意的是，虽然锐化和清晰度的调整能够使画面更加清晰，但调整的幅度不宜过大，以免导致画面失真。

色温与色调，确定短视频的色彩基调

接下来介绍色温与色调。这两个参数属于白平衡调整。通过调整色温与色调，可以确定短视频的整体色调。若短视频偏向暖色调，可以适当降低色温值。从色温与色调的对应关系来看，降低色温值会使画面色调偏蓝，进而使短视频画面显得更冷。

观察当前短视频画面，可以发现其整体偏黄且程度较为严重，此时需要降低色温值以纠正这一偏差。同时，短视频画面还存在一定的偏绿现象，所以需要稍微提高色调值，以使短视频画面的色彩更加准确。通过这一系列调整，最终确定短视频画面的主色调，即色彩基调。

饱和度，调整画面的色彩感

饱和度是决定色彩纯净程度的关键因素。如果一种色彩未受其他杂色干扰，未融入过多的黑、白色调，那么其纯度将极高。这种高纯度色彩往往能激发观众的兴奋感，使短视频画面更具吸引力。然而，过高的饱和度会使色彩显得过于浓重，导致画面失去许多细节和质感，并给人不真实的感觉。因此，在制作短视频时，通常不建议将饱和度设置得过高。对于当前这段短视频，建议适当降低饱和度的值，以避免色彩过于浓重，让观众感到不适。

对比调色前后的效果

　　由于对短视频的调色是在单独的调节轨道上进行的，因此并没有对原始轨道产生任何影响，这就为后续对比给短视频调色前后的效果提供了方便。完成短视频调色之后，在时间线区，可以单击调节轨道前方的小眼睛图标（隐藏轨道），隐藏调节轨道，即隐藏调色效果，这样播放器只显示主视频轨道的内容，也就是给短视频调色之前的画面；再单击调节轨道前方的小眼睛图标，显示出调节轨道，即显示出调色后的效果，这样就可以对比给短视频调色前后的效果，方便用户观察。

171

色轮的构成

在"调节"界面的"色轮"选项卡下方，有"暗部""中灰""亮部""偏移"等色轮。"中灰"对应的是一般亮度区域；"暗部"和"亮部"分别对应着比较暗的区域和比较亮的区域；"偏移"针对的是画面整体的明暗，类似于照片调整中的曝光度调整。

在某个色轮上，除可拖动中间的白色圆点分别为不同的区域渲染特定色彩，也可以在下方的参数文本框中输入特定的参数来进行调整，还可以将鼠标指针移动到色轮左右两侧，上下拖动三角标，分别调整各个不同区域的明暗和饱和度。

对于当前的画面，可以在"暗部"色轮右侧向下拖动三角标，继续压暗暗部；而对于亮部，则可以向上拖动色轮右侧的三角标进行提亮，进一步增强画面的反差，让画面更通透、更干净。

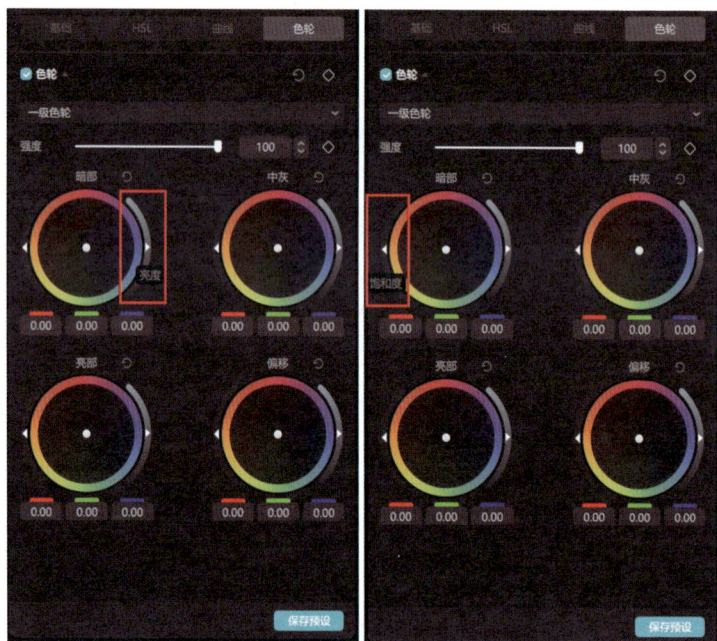

一级色轮调色

　　初步确定短视频的影调之后，在"调节"界面中，切换到"色轮"子面板。打开"色轮"下方的下拉列表，在其中可以看到"一级色轮"和"log 色轮"两个选项。"一级色轮"用于定义的亮部、暗部和中间调，倾向于对整个画面进行调整，属于一级调色。

　　比如，如果感觉短视频画面左侧的亮部偏黄，则在"亮部"色轮中向右下方拖动中间的白点，可以为亮部渲染青蓝色调；稍稍向下拖动"亮部"色轮右侧的渐变滑块，压暗亮部，这样即可使短视频画面亮部偏黄的问题得到校正。

log色轮调色

　　经过"一级色轮"调整后，本视频的一般亮部色彩与明暗度已得到优化。接下来将针对天空云层的色彩进行精细调整。鉴于天空云层是画面中最为明亮且占据面积较小的局部区域，下面将采用"log 色轮"调整以实现更精准的调色效果。

　　具体操作如下：选定"log 色轮"后，在"高光"色轮中拖动中间圆点至左上方，此时画面中的高光云层即被渲染为暖色调。随后，在左侧界面上拖动三角标以提升该部分色彩的饱和度。同时，通过拖动右侧的三角标可调节高光的亮度。

　　经过上述步骤，即可成功利用 log 色轮对短视频中的最亮部分进行了调色处理。

HSL调色，简单、强大的调色工具

在剪映中，HSL 作为一种高效的调色工具，扮演着至关重要的角色。HSL 分别代表色相（Hue）、饱和度（Saturation）和明亮度（Lightness）。具体来说，即对每种颜色的这 3 个属性进行精确调整，从而达到理想的画面效果。

观察当前视频画面，可以发现蓝色的饱和度相对较高。因此，这里选择降低蓝色的饱和度，从而使画面色彩更加均衡。同时，画面中的黄绿色较为明显，为了与整体色调更加协调，可将绿色的"色相"滑块向青色方向调整，并适当降低黄绿色的明亮度，以压制画面中过亮的区域。

经过上述调整，画面的色彩将更加纯净、和谐，为观众带来更加舒适的视觉体验。

曲线，改善短视频通透度

大部分调色操作完成后，切换到"曲线"选项卡，创建了一条起伏较平缓的 S 形曲线，以提升画面的对比度，使其视觉效果更为清晰、透彻。

整体协调短视频效果

　　在整体调色流程完成后，返回"基础"选项卡，对色温、色调、色彩饱和度及影调等参数进行微调，以确保画面影调协调、平衡。

第三方LUT下载

在本书第 1 章介绍过 Log 视频的概念，那么在对 Log 素材进行调色时，有一种方法比较高效，即先套用特定的 LUT 文件（相当于一种预设），然后再对套用 LUT 文件的视频进行调色。

比如，在对使用大疆无人机拍摄的 Log 视频（具体格式为 D-Log M）调色时，可以在剪映等软件中直接操作。但是还有一种更简单的方法，那就是去大疆官网下载与 D-Log M 色彩模式对应的 LUT 文件，然后在软件中先套用 LUT 文件进行快速调色，之后再在 LUT 调色的基础上稍稍进行优化，从而得到更好的效果。

载入LUT文件

将拍摄的 **D-Log M** 视频载入剪映，此时在主视频轨道中单击这段视频，在左上角的功能菜单中单击"调节"按钮，然后在下方单击"导入"按钮。此时，会打开"请选择LUT资源"对话框，在对话框中选择下载的 LUT 文件，然后单击"打开"按钮，这样就可以将 LUT 文件载入剪映。

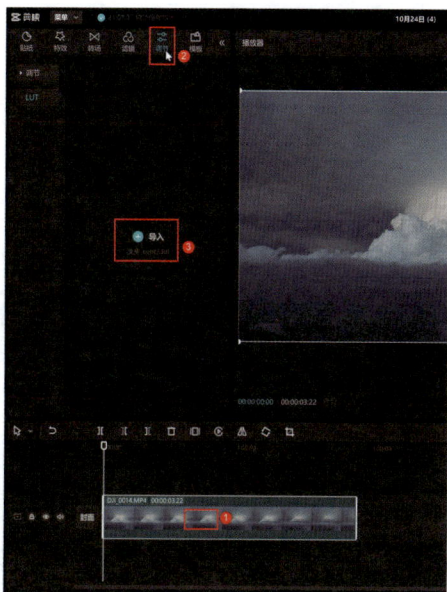

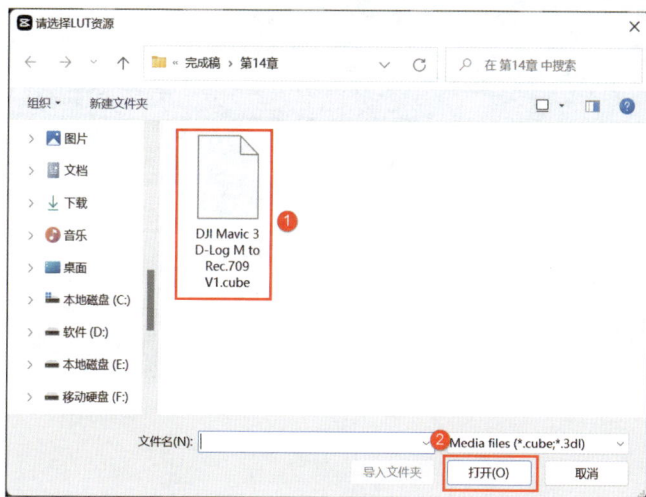

利用LUT调色

单击 LUT 文件右下角的"添加到轨道"按钮，就可以将 LUT 文件添加到轨道中。初次添加的 LUT 文件时长与导入的视频时长不同，所以用鼠标按住 LUT 文件右侧结尾的拉杆向右拖动，让 LUT 调色文件与视频长度相同，这样就完成了视频的 LUT 调色。

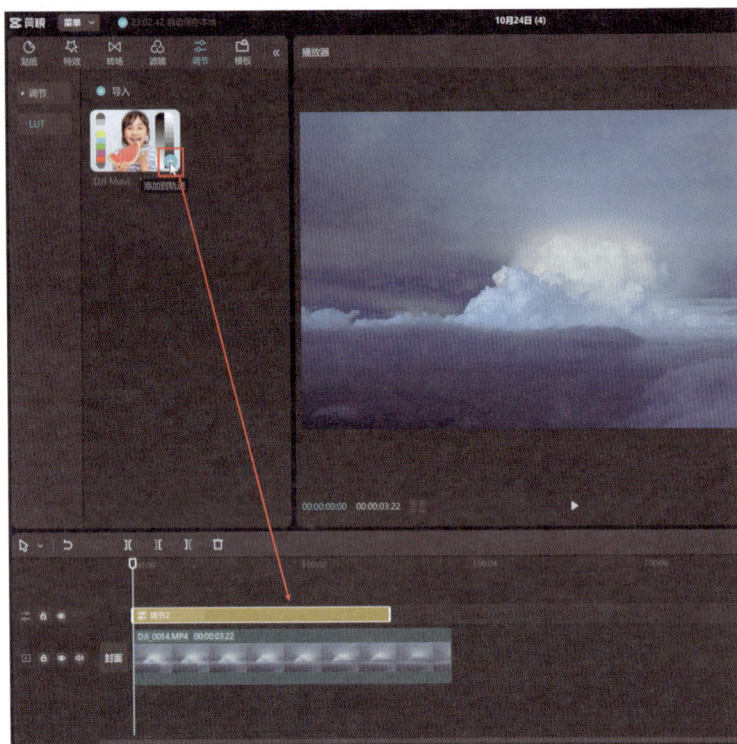

借助滤镜库快速调色

剪映专业版的滤镜库中提供了大量的调色预设，可以帮助用户快速为视频套用某种预设，实现丰富的调色效果。

在实际应用中，用户可快速使用预设，从而大大缩短了调色时间，显著提高了工作效率。在某些情况下，需要确保所有视频都遵循一致的色彩风格或标准。通过应用调色预设，可以确保每个作品都达到预期的视觉效果。在团队合作中，确保所有成员都使用相同的调色预设可以确保项目的视觉一致性。对初学者来说，调色预设可以作为学习的起点。通过分析预设中的参数设置，初学者可以了解如何调整色彩以获得所需的效果。同时，这些预设也可以作为参考，帮助用户了解不同色彩调整之间的相互影响。

在剪映中使用滤镜库中的调色预设是非常简单的，载入素材后，单击"滤镜"按钮，单击"滤镜库"选项，然后选择不同的滤镜进行浏览即可。选中某款滤镜后，将其拖到画中画轨道上即可。

人像滤镜，优化肖像视觉效果

　　人像滤镜能够显著优化视频中人像的美感，使肌肤显得更细腻，面部轮廓更立体。下面讲解如何使用人像滤镜进行调色。

　　将视频素材导入剪映，并将其添加到下方的视频轨道上。单击"滤镜"按钮，进入滤镜库，在"人像"选项卡中预览并选择一种滤镜，单击相应滤镜右下角的蓝色加号按钮，将其添加到视频轨道上，可以让人物显得更漂亮。

　　在本例中，在添加人像滤镜之前，按照之前所讲的，添加了调节轨道。现在大家可以考虑一下，在添加这种滤镜时，是否需要创建调节轨道呢？答案在下个知识点。

夜景滤镜，打造浪漫夜色

夜景滤镜有助于提升画面色彩，使夜景更缤纷斑斓，展现出更逼真的色彩韵味。

下面讲解如何使用夜景滤镜进行调色。

将视频素材导入到剪映，并将其添加到下方的视频轨道上。单击"滤镜"按钮，进入滤镜库。在"夜景"选项卡中预览并选择一种适合本视频的滤镜，单击滤镜右下角的蓝色加号按钮，将其添加到视频轨道上即可，在右侧的"滤镜"面板中可以调节该滤镜的强度。

看下图中的视频轨道，发现虽然没有调节轨道，但也实现了视频的调色，而原始视频并没有变化。所以，在借助滤镜进行视频调色时，其实没有必要创建调节轨道。

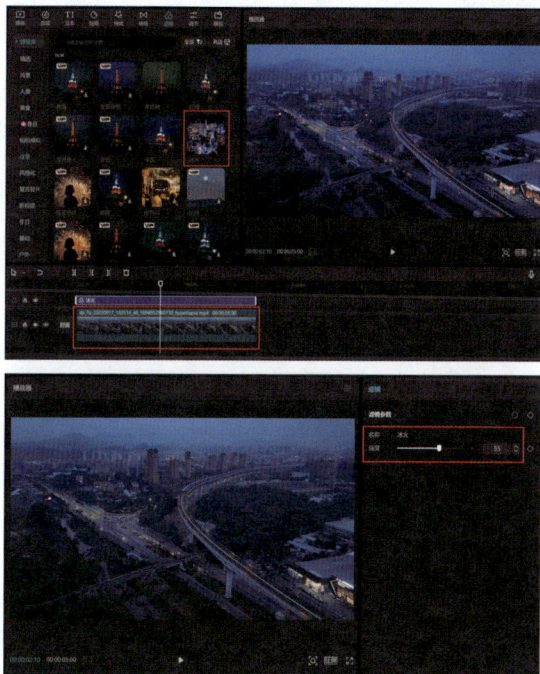

美食滤镜，为佳肴增添魅力

将视频素材导入剪映，并将其添加到下方的视频轨道上。单击"滤镜"按钮，进入滤镜库。在"美食"选项卡中预览并选择一种适合本视频的滤镜，单击滤镜右下角的蓝色加号按钮，将其添加到视频轨道上即可。

实际上，对于视频素材，还可以叠加多种滤镜效果。本例就添加了"风味"与"晚宴"两种滤镜效果。

胶片滤镜，增强复古气息

胶片滤镜能够模拟市场上各类相机的色调参数，呈现出丰富的相机色彩表现，为画面赋予独特的风格和质感。下面讲解如何使用胶片滤镜进行调色。

将视频素材导入剪映，并将其添加到下方的视频轨道上。单击"滤镜"按钮，进入滤镜库。在复古胶片选项卡中预览并选择一种适合本视频的滤镜"漫步"，单击滤镜右下角的蓝色加号按钮，将其添加到视频轨道上即可，此时视频画面呈现出一种复古的画面效果与胶片的质感。

影视滤镜，营造影视氛围

　　影视滤镜能够营造多样化的氛围与情感，例如温馨、冷漠、怀旧、电影气息等。此类氛围有利于传达影片的主题与情感，使观众更能深入地理解与体会视频内容。下面讲解如何使用影视滤镜进行调色。

　　将视频素材导入剪映，并将其添加到下方的视频轨道上。单击"滤镜"按钮，进入滤镜库。在"影视级"选项卡中预览并选择一种适合本视频的滤镜"未央"，单击滤镜右下角的蓝色加号按钮，将其添加到视频轨道上即可，此时视频画面有了一种影视作品的感觉。

青橙色调，呈现冷暖对比

青橙色调凭借其独特的色彩组合，在视觉上展现出了鲜明的对比效果。这一特点源于青色与橙色互为互补色，冷暖色调之间的强烈对比使得该色调在画面中能够凸显主题，提升视觉吸引力。下面讲解如何调出青橙色调。

将视频素材导入剪映，并将其添加到下方的视频轨道上。单击"滤镜"按钮，进入滤镜库。在搜索框中输入"青橙色调"，然后在下方的列表中预览并选择一种适合本视频的滤镜"青橙"，单击滤镜右下角的蓝色加号按钮，将其添加到视频轨道上即可。如果感觉青橙色调过于浓郁，可以在右侧的"滤镜"面板中调节该滤镜的强度。

第 10 章

添加音频，增强短视频感染力

　　音频在短视频中起着举足轻重的作用，合适的音频可以为短视频增色不少。本章将深入探讨剪映软件提供的音频处理功能。

背景音乐与音效

背景音乐与音效在短视频中有着重要的意义，主要表现在以下几个方面。

（1）调动情绪：背景音乐和音效能够调动观众的情绪。比如，音效可以模拟现实生活中的各种声音，如打雷声、高跟鞋踩踏地面的声音等，这些声音能够引导听众在脑海中形成相应的画面，增强故事的感染力。

（2）营造场景氛围：背景音乐与音效能够生动形象地营造场景氛围。例如，在描述一个雷雨天的场景时，配上相应的音效和背景音乐，可以让听众仿佛身临其境，感受到雨水的湿润和雷电的震撼。这种沉浸式的体验能够提升听众的视听体验，使他们更加深入地理解和感受故事。

（3）提升审美体验：随着时代的发展，大众的审美也在不断提高。从文字到声音，再到具体的形象、色彩，人们对艺术的追求越来越多元化和深入。

总的来说，背景音乐和音效在增强视频画面感染力、调动听众情绪、营造场景氛围及提升审美体验等方面都有着重要的意义。

添加剪映音乐库中的音乐

打开剪映，进入剪辑界面，将视频素材导入，并将其添加到下方的视频轨道上。注意，在添加音频之前，建议将时间指针调整到视频轨道开始的位置，这样后续添加音频时会在前端与视频对齐。

单击"音频"按钮，进入音乐素材界面，剪映提供了丰富多样的音乐素材。单击音乐素材，即可试听音乐效果。选定心仪的音乐后，单击其右下角的蓝色加号（添加到轨道）按钮，即可将该音乐导入音频轨道。

在处理音频时长问题时，可以通过以下两种方式进行调整：一是拖动音频轨道右侧的白色拉杆，以缩短音频轨道的时长，使其与视频时间保持一致。二是选中音频轨道，将时间指针移至视频结尾，单击时间线面板中的"分割"按钮。选中不需要的音频后，在时间线面板中单击"删除"按钮，或者直接按键盘上的 Delete 键即可。

音量调整的两种方法

在编辑视频的过程中，为视频添加了轨道后，在时间线面板中，视频轨道的下方将展示所添加的音频轨道。针对这一音频轨道的音量调整，有两种有效的方法。第一种方法，选中音频轨道，随后在右侧的"基础"面板中找到"音量"滑块。通过左右拖动此滑块，即可调整音频的音量大小。具体来说，向左拖动"音量"滑块将降低音量，而向右拖动"音量"滑块则会提高音量。另一种更为简便的方法是，将鼠标指针悬停在音频轨道上，此时音频轨道图标中间会出现一条白线。通过上下拖动这条白线，同样可以实现对音频音量的调整。

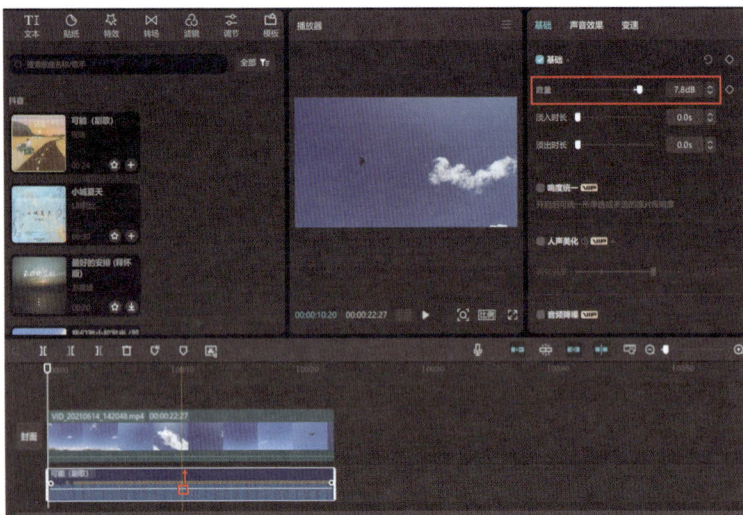

设置淡入淡出的两种方法

在添加背景音乐时，建议同时设置淡入与淡出的效果。这样的处理方式可以使视频在开始播放时，背景音乐的音量从无到有、从小到大、从低沉到高昂，呈现出一种逐渐增强的效果。而当视频播放至结尾时，背景音乐的音量则会从高到低，直至逐渐消失，为观众带来一种舒适且自然的听觉体验。

调整背景音乐淡入淡出的效果有两种方法。第一种方法，直接选中音频轨道，然后在右侧的"基础"面板中，通过拖动"淡入时长"和"淡出时长"滑块来改变音频的淡入和淡出效果。第二种方法，将鼠标指针移动至音频轨道开始和结束的位置，那里各有一个白色圆点，通过拖动这些圆点向视频中间位置移动，也可以轻松地调整音频的淡入和淡出效果。

其他音频设置

在剪映中，当用户选中音频轨道后，位于软件右上方的"基础"面板中会显示一系列音频处理选项，包括"响度统一""人声美化""音频降噪""人声分离"等。

在老版本的剪映中，"音频降噪"功能是免费的，但在最新的版本中，此功能已成为 VIP 用户的专属。对于许多经常进行录音的用户，"音频降噪"功能尤为关键，它能够有效解决因麦克风品质不高而在拍摄过程中产生的电流噪声问题。当用户需要拼接多段素材时，"响度统一"功能将变得非常实用，它可以使用户选择的单段或多段视频素材中的音频内容在响度上更加一致，从而提供更优质的视听体验。

提取本地视频中的背景音乐

　　接下来详细阐述如何利用本地存储的视频素材为待处理的视频添加背景音乐。实际上，此操作相当简单。

　　在软件界面左上角，单击"音频"按钮，选择"音频提取"选项。随后单击"导入"按钮，将希望使用背景音乐的视频素材导入剪映。完成导入后，单击该素材右下角的蓝色加号（添加到轨道）按钮。此时，视频素材中的背景音乐将被提取并自动添加到下方的音频轨道中。

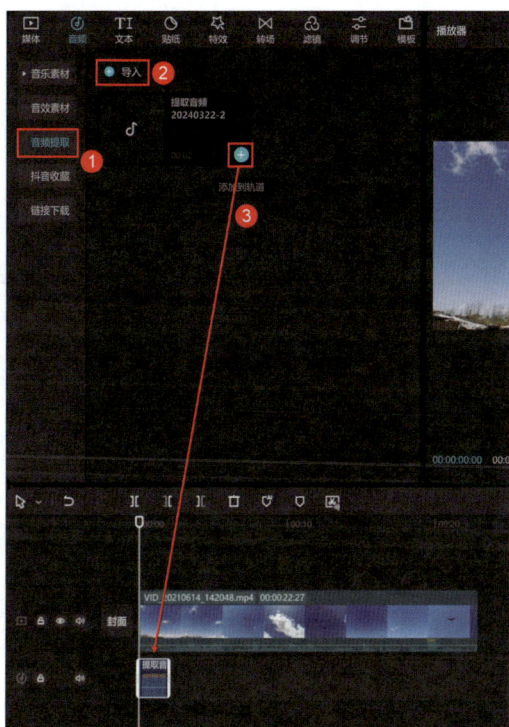

添加抖音收藏的音乐

利用剪映与抖音生态圈之间的协调功能，用户可以在剪映中直接使用在抖音收藏的音乐。要使用这一功能，需要在抖音中预先收藏特定的音乐，而非抖音内容本身。具体操作步骤为：点击抖音视频右下角的音乐链接，进入音乐详情页面，并将该音乐添加到收藏夹中。随后，在剪映中编辑视频时，只需登录抖音账号，并展开左侧的"抖音收藏"选项，即可看到用户在抖音中收藏的音乐。这样，就可以轻松地为视频添加这些音乐了。

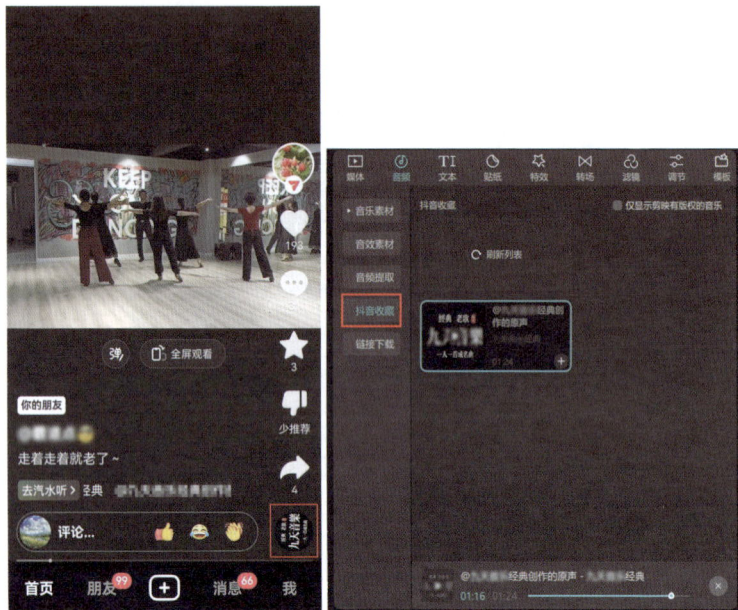

添加音效，提升短视频的趣味性

为视频添加合适的音效，可以让短视频更具趣味性，或者提升短视频的气势。在下面的示例中，将尝试增加鹰叫的声音，来丰富视频的视听效果，提升短视频气势。

载入短视频后，在左侧单击"音效素材"选项，之后在搜索框内输入"鹰叫"，这样可以搜出大量鹰叫的音效素材，随后在右侧的列表中选择一种老鹰的叫声。之后，只需将该音效素材拖至音频轨道上，即可完成音效的添加。此操作过程简洁明了，与添加背景音乐的流程基本一致。通过这样的编辑，短视频将更具生动性和沉浸感。

第 11 章

添加字幕，提升短视频表现力和观赏性

　　字幕作为一种视觉元素，能够在短视频中凸显特定的画面成分，进而凸显创作者欲传达的核心信息。精良的字幕设计能为观众带来审美愉悦，提升整体的观看体验。总的来看，字幕在短视频作品中扮演着举足轻重的角色，既传递多样化的信息，又助力作品表现力和观赏性的提升。

视频字幕的分类

字幕在视频制作中扮演着重要的角色，它们不仅可以帮助观众理解对话和情节，还可以增强视频的视觉效果和观感。字幕主要分为以下 3 类。

（1）标题字幕：主要包括片头字幕和片尾滚动字幕。片头字幕包括片名、主创团队主创成员的介绍，这类字幕一般没有人声，不需要跟人声对位，可以是静态字幕，也可以是动态特效字幕（如滚动、3D 字等）。片尾的滚动字幕则包括影视作品制作团队的所有成员、合作伙伴等。

（2）注解、说明、过渡性字幕：这类字幕或交代故事背景，或推进剧情发展，或起承转合，或省略剧情，留下想象的空间。

（3）强制字幕：这类字幕在电影制作的最初阶段就被强行"嵌入"电影中，无法更改，无法调节。

新建文本，手动添加字幕

　　打开剪映，将要处理的视频载入视频轨道。在软件界面左上角单击"文本"按钮，在左侧选择"新建文本"选项，然后在素材显示区，单击默认文本右下角的蓝色按钮（即添加到轨道按钮），可以在下方的时间线面板中添加文本轨道。在剪映界面右上角，展开"文本"选项卡，可以在其中修改文本的内容，以及字号、字体样式等非常多的内容。

　　此时可以看到，视频画面中间出现了要添加的字幕。用户还可以用鼠标按住字幕拖动，改变字幕的位置，并且调整字幕的大小等。

智能字幕，识别并添加字幕

　　剪映的识别字幕功能准确率颇高，能迅速识别并添加与视频时间精确匹配的字幕，从而显著提高视频制作效率。下面讲解智能字幕功能。

　　打开剪映，进入剪辑界面，单击界面左上角的"导入"按钮，将视频素材导入到剪映中，并将其添加到下方的时间线面板上。单击"文本"按钮，在"智能字幕"选项卡中，单击"识别字幕"下方的"开始识别"按钮。

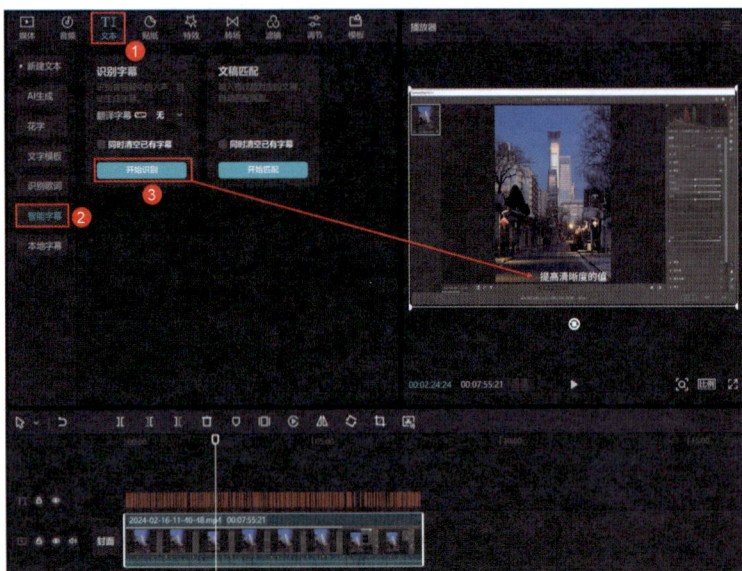

修改AI识别的字幕

　　对于包含语音对白的视频，当在剪映中打开它时，可以通过简单的步骤为视频添加字幕。首先，单击视频上的文本选项，随后选择左侧的"智能字幕"功能。单击"开始识别"按钮后，剪映将智能识别视频中的语音内容，并自动生成字幕，这些字幕会出现在视频画面下方中间的位置。同时，时间线面板中会显示相应的字幕轨道，方便人们管理。

　　完成自动识别并添加字幕后，在剪映软件右侧上方可以找到"字幕"选项卡，将其展开。在这里，可以查看并编辑所有的字幕信息。只需单击每一条字幕，即可进入编辑状态，然后使用计算机对其进行修改。尽管智能识别技术已经相当成熟，但仍然存在一些识别不准确的字幕信息，因此需要手动进行修正。

　　此外，剪映还提供了导出智能识别的字幕功能，大家可以将其存储为文本文件或 SRT 文件，方便后续的使用和管理。

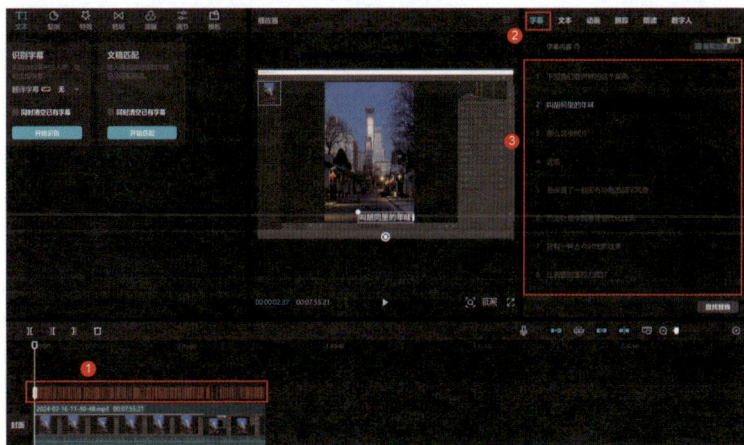

识别歌词，自动识别歌词

剪映软件内置了背景音乐歌词识别功能，用户可以在将视频载入轨道中后，单击相关的文本选项，并在左侧找到"识别歌词"功能。一旦在软件中单击"开始识别"按钮，剪映便会迅速对视频内容进行深度分析，精准地识别出与背景音乐相匹配的歌词信息。这些歌词将会以清晰、易读的方式展示在视频画面中间下方的位置。值得一提的是，剪映在识别歌词方面的准确度极高。这得益于其独特的识别技术，不仅能识别语音，还能与音乐内容进行精确匹配，从而极大地提高了歌词识别的准确性。

设置文字的基础样式

　　字幕识别，无论是智能识别语音还是歌词，都是一个重要的步骤。在识别后，用户可以轻松地对字幕轨道进行编辑。只需在右侧单击剪开文本，便可在下方对文本进行修改，包括字体、字号、样式、颜色、字间距等。此外，还可以利用系统提供的丰富预设样式，使字幕更具表现力。

设置字幕动画效果

为了让字幕更加生动，用户还可以为其添加动画效果。具体操作非常简单。首先，将视频导入剪映，识别出字幕后，可以用鼠标拖动全选或选中某一条字幕。接着在软件界面右上角展开"动画"选项卡，选择入场或出场动画，从下方的列表中选择喜欢的动画效果，然后将其拖到字幕轨道上，这样就可以为所选择的所有字幕或某一条字幕添加动画效果了。

例如，这里选择了"随机飞入"动画效果。在播放时，字幕将从画面右侧飞入视频画面，到达中间下方的位置。这样的动画效果不仅为视频增加了趣味性，还能帮助观众更好地理解和欣赏视频内容。

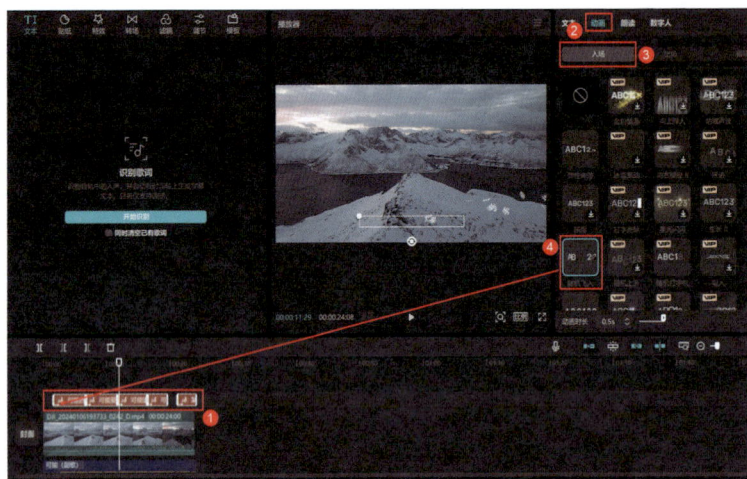

应用文字模板，丰富字幕效果

在某些特定情境下，要为视频添加独特的字幕效果，可以利用文字模板来实现。这些效果包括但不限于片头、片尾字幕及视频中间详细的字幕等。以下面的示例作为参考，将视频导入后，在"文本"界面中展开文字模板库，从中挑选合适的模板，并将其拖至字幕轨道。此时，视频画面中即可呈现出所选的文字模板。此外，还可以在右侧的文本编辑区域对文字内容进行修改。事实上，这种文字模板同样适合作为片尾字幕，效果尤佳。

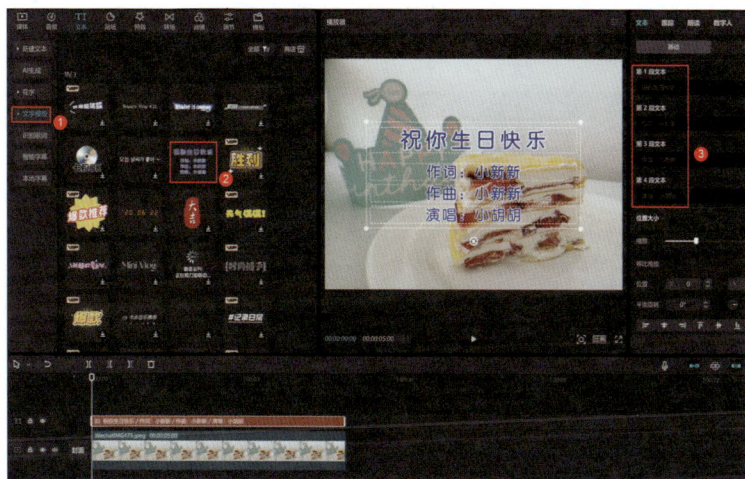

"卡拉OK"效果，吸引观众视线

利用剪映软件丰富的预设功能，用户可以为视频添加常见的动画。例如，要模拟 KTV 中的卡拉 OK 字幕效果，首先单击"文本"按钮，选择"识别歌词"功能，软件便能自动识别视频中背景音乐的歌词。随后，剪映会将识别出的歌词添加到视频轨道和字幕轨道。通过拖动鼠标，可以选择特定的或所有的字幕，并进入"动画"界面。在这里，选择"卡拉 OK"动画效果，并将其应用到所选的字幕上。这样，字幕就会呈现出卡拉 OK 字幕效果，随着歌声逐字变化。为了确保字幕与歌手的声音同步，建议大家根据需要进行微调，通过调整下方的动画时长来确保同步性。

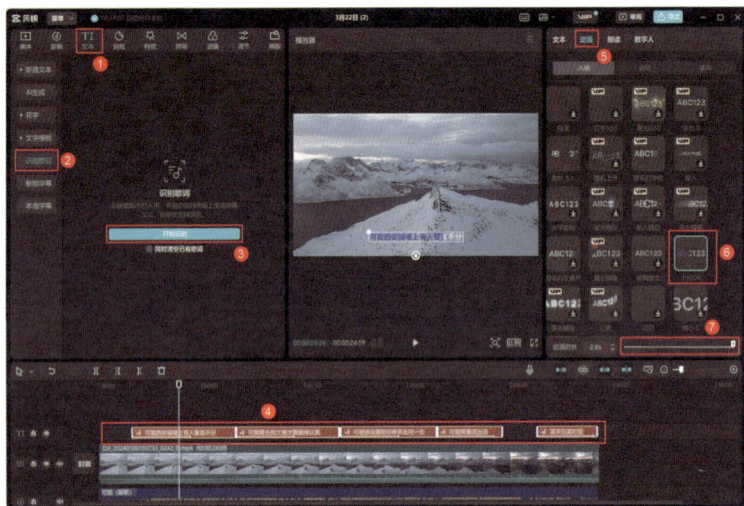